零基礎

Python 程式設計入門

數位新知——著

五南圖書出版公司 印行

序

教育部已將程式設計納入國、高中學生必修課程，讓寫程式不再是資訊相關科系的專業，而是全民的基本能力。而Python語言開發的目標之一是讓程式碼像讀本書那樣容易理解，也因爲簡單易記、程式碼容易閱讀的優點，已逐漸成爲程式設計的第一入門學習的語言。

Python語言具備物件導向、直譯、程式碼簡潔、跨平台、自由/開放原始碼等特性，加上豐富強大的套件模組，讓Python的用途更爲廣泛。另外，Python是一種多重思維（Multi-paradigm）的程式語言，允許各位使用多種風格來寫程式，程式撰寫更具彈性。

本書完全以入門者的角度去介紹，結合運算思維與演算法的基本觀念，並以Python語言來實作，寫作風格以淺顯易懂的文字，循序介紹Python語言的入門基礎，這些主題包括：

- 我的第一個Python程式
- 認識資料處理
- 運算式與運算子
- 流程控制與選擇結構
- 重複結構
- 複合式資料型別簡介
- 函數

- 模組與套件

為了降低讀者的學習障礙，所有範例都提供完整的程式碼，並已在Python開發環境下正確編譯與執行。因此本書可以定位是一本適合程式語言零基礎的Python入門書，它能幫助讀者以最輕鬆學習的方式快速具備Python語言的基本程式設計能力。目前許多學校開設Python語言的基礎課程，因此，學生或是初學者都可以使用本書作為進入Python語言程式設計殿堂的鎖鑰。

目錄

第一章

我的第一個 Python 程式

現代日常生活的每天運作都必須仰賴電腦

對於一個有志於從事資訊專業領域的人員來說，程式設計是一門和電腦硬體與軟體息息相關的學科，稱得上是近十幾年來蓬勃興起的一門新興科學，更深入來看，程式設計能力已經被看成是國力的象徵，連教育部都將撰寫程式列入國高中學生必修課程，讓寫程式不再是資訊相關科系的專業，而是全民的基本能力。

程式設計能力已經被看成是國力的象徵

1-1 程式語言簡介

沒有所謂最好的程式語言，只有是否適合的程式語言，程式語言本來就只是工具，從來都不是重點。「程式語言」就是一種人類用來和電腦溝通的語言，也是用來指揮電腦運算或工作的指令集合，可以將人類的思考邏輯和意圖轉換成電腦能夠了解與溝通的語言。

人類和電腦之間溝通的橋梁就是程式語言，否則就變成雞同鴨講

程式語言發展的歷史已有半世紀之久，由最早期的機器語言發展至今，已經邁入到第五代自然語言。

1-1-1 機器語言

機器語言（machine language）是由1和0兩種符號構成，是最早期的程式語言，也是電腦能夠直接閱讀與執行的基本語言，也就是任何程式或語言在執行前都必須先行被轉換爲機器語言。機器語言的撰寫相當不方便，而且可讀性低也不容易維護，並且不同的機器與平台，編碼方式都不盡相同。機器語言如下：

```
10111001(設定變數A)
00000010(將A設定為數值2)
```

1-1-2 組合語言

組合語言（assembly language）是一種介於高階語言及機器語言間的符號語言，比起機器語言來說，組合語言較易編寫和學習。機器語言0和1的符號定義為「指令」（statement）是由運算元和運算碼組合而成，只可以在特定機型上執行，不同CPU要使用不同的組合語言。例如MOV指令代表設定變數內容、ADD指令代表加法運算、SUB指令代表減法運算，如下所示：

```
MOV  A , 2 (變數A的數值內容為2)
ADD  A , 2 (將變數A加上2後，將結果再存回變數A中，如A=A+2)
SUB  A , 2 (將變數A減掉2後，將結果再存回變數A中，如A=A-2)
```

1-1-3 高階語言

高階語言（high-level language）是相當接近人類使用語言的程式語言，雖然執行較慢，但語言本身易學易用，因此被廣泛應用在商業、科學、教學、軍事等相關的軟體開發上，特點是必須經過編譯（compile）或解譯（interpret）的過程，才能轉換成機器語言碼。

Tips

所謂編譯，是使用編譯器來將程式碼翻譯為目的程式（object code），例如：C、C++、Java、Visual C++、Fortran等語言都是使用編譯的方法。至於解譯則是利用解譯器（interpreter）來對高階語言的原始程式碼做逐行解譯，所以執行速度較慢，例如Python、Basic等語言皆使用解譯的方法。

我們將針對近數十年來相當知名的高階語言來做介紹。請看下表簡述：

程式語言	說明與特色
Fortran	第一個開發成功的高階語言，主要專長在於處理數字計算的功能，常被應用於科學領域的計算工作
COBOL	是早期用來開發商業軟體最常用的語言
Ada	是一種大量運用在美國國防需要的語言
Pascal	是最早擁有結構化程式設計概念的高階語言，目前的Object-Pascal則加入了物件導向程式設計的概念
Prolog	人工智慧語言，利用規則與事實（rules and facts）的知識庫來進行人工智慧系統的開發，例如專家系統常以Prolog進行開發
LISP	爲最早的人工智慧語言，和Prolog一樣也可以用來進行人工智慧系統的開發。這種程式語言的特點之一是程式與資料都使用同一種表示方式，並以串列爲主要的資料結構，適合作爲字串的處理工作
C++	C++主要是改良C語言而來，除了保有C語言的主要優點外，並將C語言中較容易造成程式撰寫錯誤的語法加以改進，導入物件導向程式設計（object-oriented programming）的概念
Java	昇陽（SUN）參考C/C++特性所開發的新一代程式語言，它標榜跨平台、穩定及安全等特性，主要應用領域爲網際網路、無線通訊、電子商務，它也是一種物件導向的高階語言

程式語言	說明與特色
Basic	方便初學者的學習使用，並不注重結構化及模組化的設計概念
Visual Basic	視覺化的Basic開發環境，並加入了物件導向程式語言的特性
C#	C#（#唸作sharp）是一種.NET平台上的程式開發語言，可以用來開發各式各樣可在.NET平台上執行的應用程式
Python	Python開發的目標之一是讓程式碼像讀本書那樣容易理解，也因爲簡單易記、程式碼容易閱讀的優點，優點包括物件導向、直譯、跨平台等特性，加上豐富強大的套件模組與免費開放原始碼，各種領域的使用者都可以找到符合需求的套件模組

Tips

積木式語言就是設計者可以使用拖曳積木的方式組合出程式，使用圖形化的拼塊積木來做堆疊鑲嵌，讓使用者可以透過控制、邏輯、數學、本文、列表、顏色、變數、過程等類型的程式積木來堆疊設置或控制角色及背景的行動和變化來開發程式，不用擔心會像學習其他程式語言因爲不熟悉語法而導致bug（臭蟲）發生。例如Scratch就是用玩的方式寫程式的高階語言。

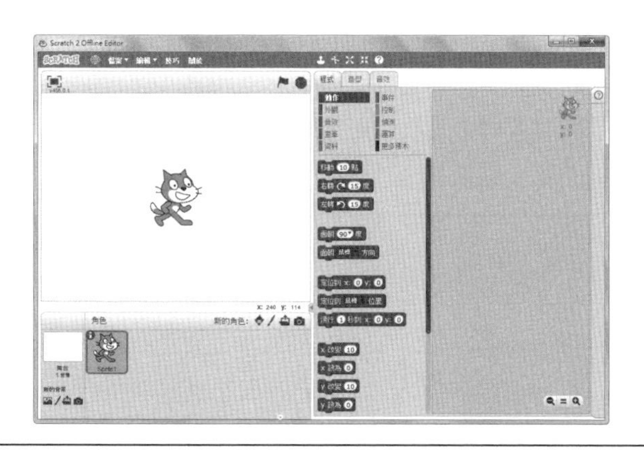

1-1-4 非程序性語言

非程序性語言（non-procedural language）也稱爲第四代語言，特點是它的敘述和程式與眞正的執行步驟沒有關聯。程式設計者只需將自己打算做什麼表示出來即可，而不需去理解電腦是如何執行的。資料庫的結構化查詢語言（structured query language，簡稱SQL）就是第四代語言的一個頗具代表性的例子。例如以下是清除資料命令：

```
DELETE FROM employees
  WHERE employee_id = 'C800312' AND dept_id = 'R01'；
```

1-1-5 人工智慧語言

人工智慧語言稱爲第五代語言，或稱爲自然語言，其特性宛如和另一個人對話一般。因爲自然語言的使用者口音、使用環境、語言本身的特性（如一詞多義）都會造成電腦在解讀時產生不同的結果與自然語言辨識上的困難度。因此自然語言的發展必須搭配人工智慧來進行。

Tips

人工智慧（artificial intelligence, AI）的概念最早是由美國科學家John McCarthy於1955年提出，目標爲使電腦具有類似人類學習解決複雜問題與展現思考等能力，舉凡模擬人類的聽、說、讀、寫、看、動作等的電腦技術，都被歸類爲人工智慧的可能範圍。

機器人是人工智慧最典型的應用

1-2 演算法與流程圖

演算法（algorithm）是程式設計領域中最重要的關鍵，常常被使用爲設計電腦程式的第一步，演算法就是一種計畫，這個計畫裡面包含解決問題的每一個步驟跟指示。

搜尋引擎也必須藉由不斷更新演算法來運作

日常生活中也有許多工作都可以利用演算法來描述，例如員工的工作報告、寵物的飼養過程、廚師準備美食的食譜、學生的功課表等，以下就是一個學生小華早上上學並買早餐的簡單文字演算法：

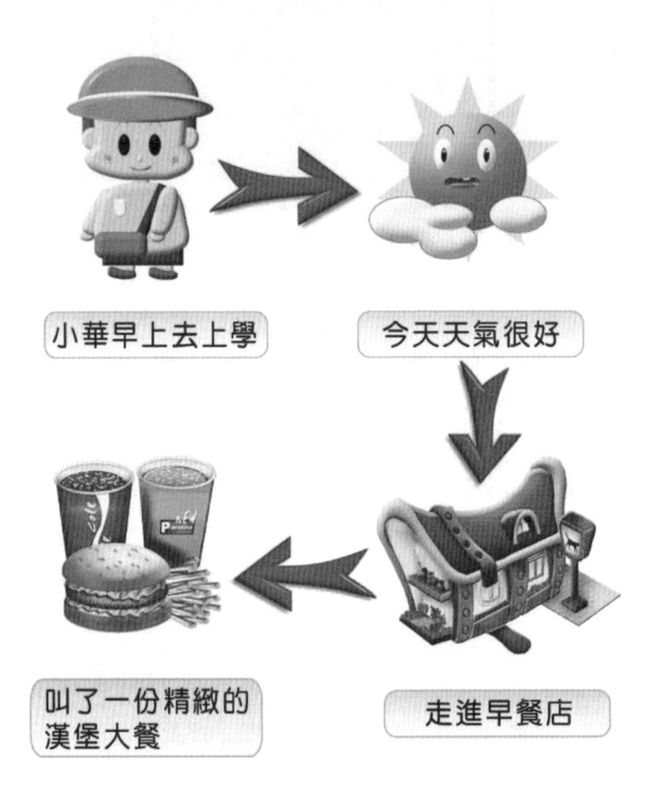

流程圖（flow diagram）則是一種程式設計領域中最通用的演算法表示法，必須使用某些圖型符號。爲了流程圖之可讀性及一致性，目前通用美國國家標準協會（ANSI）制定的統一圖形符號。以下說明一些常見的符號：

流程圖就是一個程式設計前的規劃藍圖

名稱	說明	符號
起止符號	表示程式的開始或結束	
輸入／輸出符號	表示資料的輸入或輸出的結果	
程序符號	程序中的一般步驟，程序中最常用的圖形	
決策判斷符號	條件判斷的圖形	
文件符號	導向某份文件	
流向符號	符號之間的連接線，箭頭方向表示工作流向	
連結符號	上下流程圖的連接點	

例如請各位畫出輸入一個數值，並判別是奇數或偶數的流程圖。

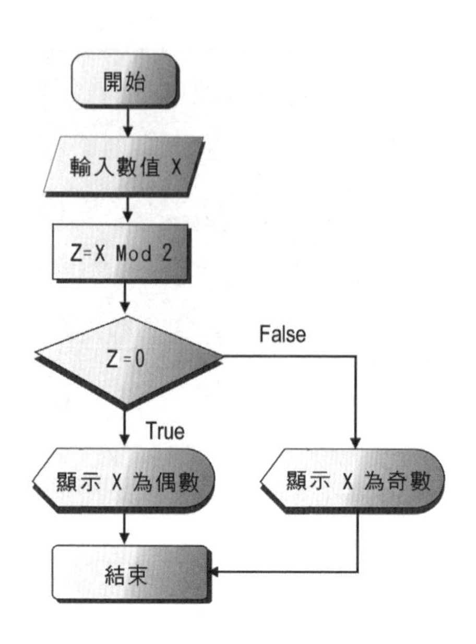

1-3 Python語言簡介

Python這個英文單字是蟒蛇的意思，也是目前最爲流行的程式語言，Python是一種物件導向、直譯的程式語言，語法直覺易學，具有跨平台的特性，加上豐富強大的套件模組，讓Python的用途更爲廣泛。簡單來說，Python具有以下的特色：

1-3-1 程式碼簡潔易讀

Python開發的目標之一是讓程式碼像讀本書那樣容易理解，也因爲簡單易記、程式碼容易閱讀的優點，在寫程式的過程中能專注在程式本身，而不是如何去寫，程式開發更有效率，團隊協同合作也更容易整合。

1-3-2 跨平台

Python程式可以在大多數的主流平台執行，不管是Windows、Mac

OS、Linux 以及手機，都有對應的Python工具。

1-3-3 物件導向

Python具有物件導向（object-oriented）的特性，不過它卻不像Java這類的物件導向語言強迫使用者必須用物件導向思維寫程式，Python是多重思維（multi-paradigm）的程式語言，允許各位使用多種風格來寫程式，程式撰寫更具彈性。

1-3-4 容易擴充

Python提供了豐富的API（application programming interface，應用程式介面）和工具，讓程式設計師能夠輕鬆地編寫擴充模組，也可以整合到其他語言的程式內使用，所以也有人說Python是「膠合語言」（glue language）。

1-3-5 自由／開放原始碼

所有Python的版本都是自由／開放原始碼（free and open source）。簡單來說，您可以自由地閱讀、複製及修改Python的原始碼或是在其他自由軟體中使用Python程式。

1-4 Python下載與安裝

Python是一種跨平台的程式語言，當今主流的作業系統（例如：Windows、Linux、Mac OS）都可以安裝與使用，Python詳細的下載與安裝步驟如下：

首先請連上官方網站，網址如下：https://www.python.org/，請進入Python的下載頁面：

1-4-1 安裝與執行Python

進入安裝畫面後，請勾選「Add Python 3.7 to PATH」核取方塊，它會將Python的執行路徑加入到Windows的環境變數中，如此一來，當進入作業系統的「命令提示字示」視窗，就可以直接下達Python指令。

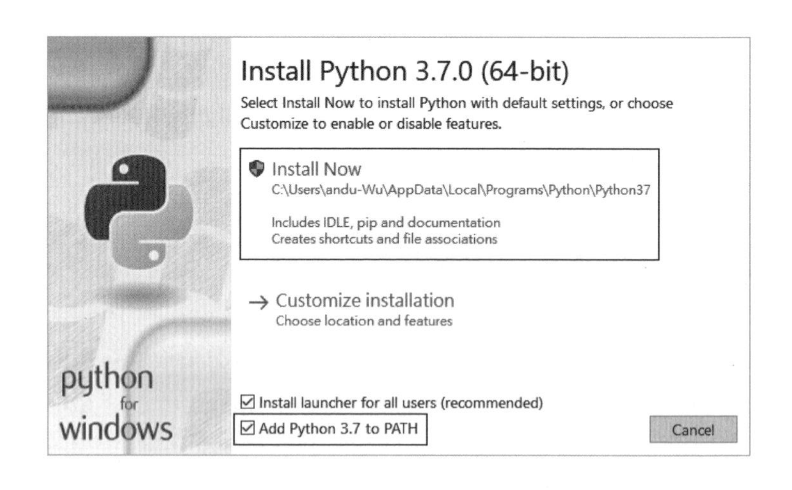

接著請試著在「命令提示字元」視窗試著下達python指令：

步驟1：請在Windows 10搜尋cmd指令，找到「命令提示字元」後，請啓動「命令提示字元」視窗。

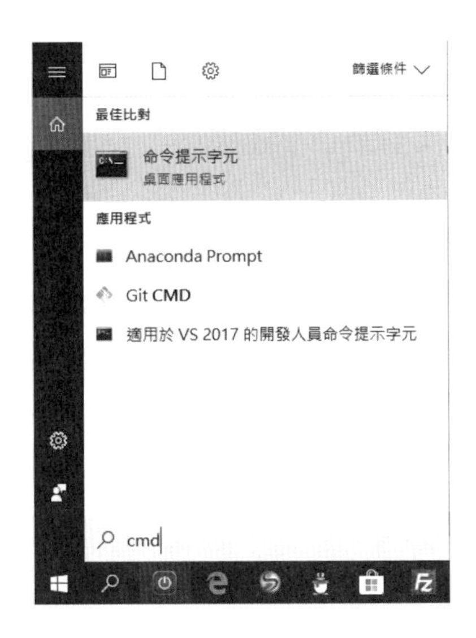

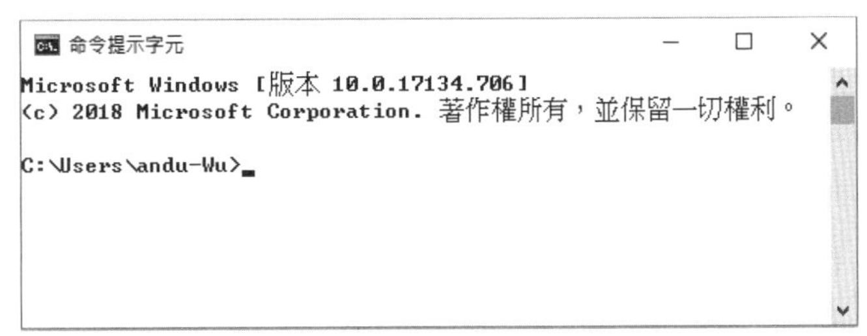

步驟2：接著請在「命令提示字元」中輸入「python」指令，輸入完畢後請按下Enter鍵，當出現Python直譯式交談環境特有的「>>>」字元時，就可以下達python指令。例如print指令可以輸出指定字串：

```
命令提示字元 - python
Microsoft Windows [版本 10.0.17134.706]
(c) 2018 Microsoft Corporation. 著作權所有，並保留一切權利。

C:\Users\andu-Wu>python
Python 3.7.3 (v3.7.3:ef4ec6ed12, Mar 25 2019, 21:26:53) [MSC
v.1916 32 bit (Intel)] on win32
Type "help", "copyright", "credits" or "license" for more inf
ormation.
>>> print("我的第一支程式")
我的第一支程式
>>>
```

接著就來看看開始功能表中Python安裝了哪些工具：

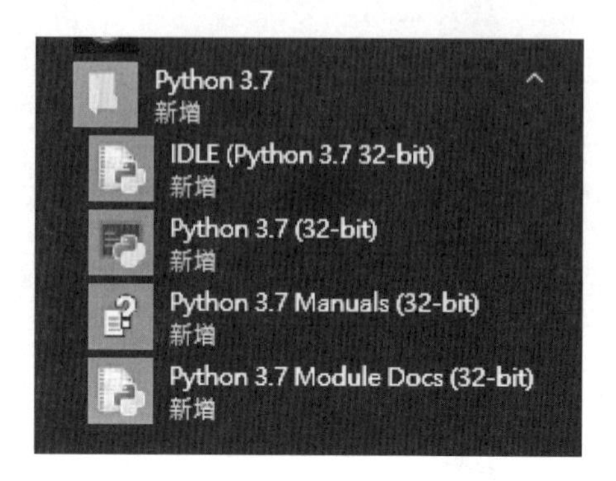

- IDLE軟體：內建的Python整合式開發環境軟體（integrated development environment，簡稱IDE），來幫助各位進行程式的開發，通常IDE的功能包括撰寫程式語言編輯器、編譯或直譯器、除錯器等，可將程式的編輯、編譯、執行與除錯等功能畢其功於同一操作環境。
- Python 3.7：會進入Python互動交談模式（interactive mode），當看到Python特有的提示字元「>>>」，在此模式下使用者可以逐行輸入Python程式碼：

```
Python 3.7 (32-bit)
Python 3.7.3 (v3.7.3:ef4ec6ed12, Mar 25 2019, 21:26:53) [MSC v.1916 32 bit (Intel)] on win32
Type "help", "copyright", "credits" or "license" for more information.
>>>
```

- Python 3.7 Manuals：Python程式語言的解說文件。
- Python 3.7 Module Docs：提供Python內建模組相關函數的解說。

1-5 Python程式初體驗

許多人一聽到程式設計，可能早就嚇得手腳發軟，大家千萬不要自己嚇自己，Python語言就是一種人類用來指揮電腦工作的指令集合，裡面會使用到的保留字（reserved word）最多不過數十個而已。以筆者多年從事程式語言的教學經驗，對一個語言初學者來說，就是不要廢話太多，如同我們學習游泳一樣，跳下水就知道，趕快讓他從無到有，實際跑出一個程式最為重要，許多高手都是寫多了就越來越厲害。

寫程式就像學游泳一樣，多練習最重要

在前面交談式直譯環境，我們已確認Python指令可以正確無誤執行，接下來將以IDLE軟體示範如何撰寫及執行Python程式碼檔案。首先請在開始功能表找到Python 3.7的IDLE程式，接著啓動IDLE軟體，然後執行「File/New File」指令，就會產生如下圖的新文件，接下來就可以開始在這份文件中撰寫程式：

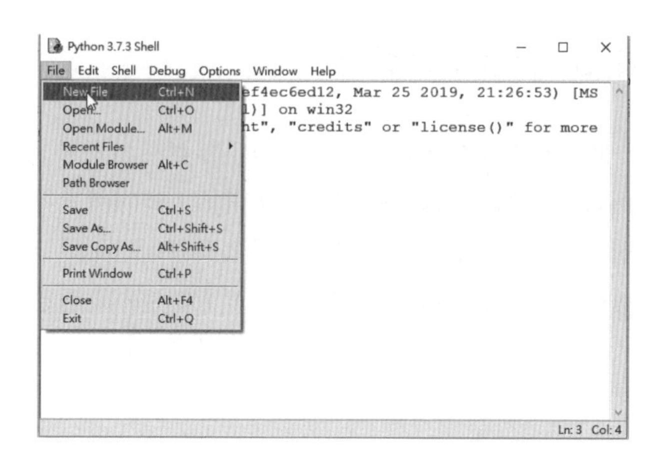

接著請輸入如下圖的兩行程式碼：

然後執行「File/Save」指令，將檔案命名成「hello.py」，然後按下「存檔」鈕將所撰寫的程式儲存起來。

最後執行「Run/Run Module」指令（或直接在鍵盤上按F5功能鍵），執行本程式。如果沒有任何語法錯誤，就會自行切換到「Python Shell」視窗，秀出程式的執行結果。以這個例子來說，會出現「Hello World!」，並自動換行，回到Python互動交談模式互動式的「>>>」提示字元。

底下程式範例是剛才輸入的hello.py，爲了方便爲各位解說各行程式碼的功能，前面筆者加入了行號，在實際輸入程式時，請不要將行號輸入到程式中。

【**程式範例：hello.py**】我的第一支Python程式

```
01 #我寫的程式
02 print("Hello World!")
```

【**程式碼解說**】

- 第1行：是Python的單行註解格式。當程式碼解譯時，直譯器會忽略它。
- 第2行：內建print()函數會將內容輸出於螢幕上，輸出的字串可以使用單「'」或雙引號「"」來括住其內容，印出字串後會自動換行。

本章課後習題

1. 簡述Python程式語言的特色。
2. 何謂直譯式語言？試說明之。
3. 何謂「整合式開發環境」（integrated development environment, IDE）？

第二章

認識資料處理

電腦主要的功能就是強大的運算能力，將外界所得到的資料輸入電腦，並透過程式來進行運算，最後再輸出所要的結果。無論做哪種運算，巧婦難為無米之炊，總不能跟空氣做運算吧！當執行程式時，外界的資料進入電腦後，當然要有個棲身之處，這時系統就會撥一個記憶空間給這份資料，而在程式碼中，我們所定義的變數（variable），主要的用途就是儲存資料，以供程式中各種計算與處理之用。

變數就像是程式中用來存放資料的盒子

2-1 變數

變數（variable）是程式語言中最基本的角色，也就是在程式設計中由編譯器所配置的一塊具有名稱的記憶體，用來儲存可變動的資料內容。當程式需要存取某個記憶體的資料內容時，就可透過變數將資料由記憶體中取出或寫入。

變數就像齊天大聖孫悟空一樣，儲存的資料值可以變來變去

2-1-1 變數的宣告

Python的變數不需要宣告，這點和在其他語言（例如：C、Java）中使用變數，一定都要事先宣告後才能使用有所不同。Python變數的資料型態是在給定值的時候決定，至於變數的值是使用等號（=）來指派，語法如下：

```
變數名稱 = 變數值
```

例如：

```
number = 10
```

上式表示指派數值10給變數number。

各位也可以一次宣告多個相同資料型態的變數，例如以下宣告a, b, c三個變數的值都是55：

```
a=b=c=55
```

或者利用「,」隔開變數名稱，就能在同一列中宣告：

```
a,b,c = 55,55,55
```

當然各位也可以混搭不同型態的變數一起宣告：

```
a,f,name = 55,10.58, "Michael "
```

Python也允許使用者以「;」（分隔運算式）來連續宣告不同的程式敘述。例如以下兩行程式碼：

```
sum= 10
index = 12
```

我們可以利用「;」（分隔運算式）將上述兩行指令寫在同一行。請看以下的示範：

```
sum= 10 ; index = 12
```

2-1-2 程式註解

程式註解（comment）可以用來說明程式的功能，尤其是越複雜的程式碼。如果從小程式就能養成使用註解的好習慣，就能提高日後在撰寫任何程式時都能兼顧可讀性。註解不僅可以幫助其他程式設計師了解內容，在日後程式維護與修訂時，也能夠省下不少時間成本。Python的註解分成兩種：

- **單行註解**：以「#」開頭，後續內容即是註解文字，如程式碼開頭的第1行。

```
#這是單行註解
```

- **多行註解**：以三個雙引號（或單引號）開始，填入註解內容，再以三個雙引號（或單引號）來結束註解。

```
"""
這是多行註解
用來說明程式的描述都可以寫在這裡
"""
```

也可以用三個單引號：

```
'''
這也是多行註解
用來說明程式的描述都可以寫在這裡
'''
```

以下的例子示範了如何在程式中以多行註解來說明程式功能及利用單行註解來說明各行指令的作用。

【程式範例：**comment.py**】單行註解與多行註解

```
01 '''
02    程式範例:comment.py
03    程式功能:本程式示範如何使用多行註解及單行註解
04 '''
05 number = 10 #將數值10設定給number
06 print(number) #輸出number變數值
07 a=b=c=55 #a, b, c三個變數的值都是55
08 a,b,c = 55,55,55 #也可以利用","隔開變數名稱,就能在同一列設定值
09 print(a) #輸出a變數值
10 print(b) #輸出b變數值
11 print(c) #輸出c變數值
12 a,f,name = 66,10.58, "Michael " #也可以混搭不同型態的變數一起宣告
13 print(a) #輸出a變數值,各位可以發現其值已被重新給定
14 print(f) #輸出f變數值
15 print(name) #輸出name變數值
```

【執行結果】

```
10
55
55
55
66
10.58
Michael
```

【程式碼解說】

- 第1～4行：多行註解的示範，常用於程式、函數或一段程式功能的說明。
- 第5～15行：單行註解的示範，常用於變數功能或單行程式功能的說明。

2-1-3 變數命名規則

對於一個程式設計師而言，重視程式碼可讀性是長期必須培養的好習慣，考慮到程式的可讀性，最好儘量以符合變數所賦予的功能與意義來命名。在Python中的變數名稱命名也需要符合一定的規則，如果使用不適當的名稱，可能會造成程式執行時發生錯誤。另外，Python是屬於區分大小寫的語言，也就是說no與NO是兩個不相同的變數，變數名稱的長度不限，變數名稱有以下幾點限制：

1. 變數名稱第一個字元必須是英文字母、底線或是中文。
2. 其餘字元可以搭配其他的大小寫英文字母、數字、_或中文。
3. 不能使用Python內建的保留字。常見的保留字如下：

acos	finally	return
and	floor	sin
array	for	sqrt
asin	from	tan
assert	global	True
atan	if	try
break	import	type
class	in	while
continue	input	with
cos	int	write
data	is	yield

def del e elif else except exec exp fabs False float	lambda log log10 not open orl pass pi print raise range	

4. Python變數名稱必須區分大小寫字母，所以識別字「day」、「DAY」會被Python的直譯器視爲不同的名稱。

以下是有效變數名稱的範例：

```
_index
data01
width
department_no
```

以下是無效變數名稱的範例：

```
3_pass
while
$money
pass word
```

有關上述無效變數的錯誤原因如下：

```
3_pass
```

錯誤原因：變數名稱第一個字元必須是英文字母或是底線或是中文，但不能是數字。

```
while
```

錯誤原因：不能使用Python內建的保留字，while是保留字。

```
$money
```

錯誤原因：變數名稱第一個字元必須是英文字母、底線或是中文，但不能是特殊符號。

```
pass word
```

錯誤原因：變數名稱不能包含空白。

2-2 資料型態簡介

程式在執行過程中，不同資料會利用不同大小的空間來儲存，每種程式語言都擁有略微不同的基本資料型態，因此有了資料型態（data type）的規範。

每種程式語言都有不同的基本資料型態

資料型態是用來描述Python資料的類型，不同資料型態的資料有著不同的特性，例如在記憶體中所占的空間大小、所允許儲存的資料類型、資料操控的方式等等。

2-2-1 數值型態

Python的數值型態有整數（int）、浮點數（float）與布林值（bool）三種，以下一一說明這些數值型態的用法。

不同資料型態就像是旅館中不同等級的房間一樣

- **int（整數）**：整數資料型態是用來儲存不含小數點的資料，跟數學上的意義相同，如-1、-2、-100、0、1、2、100等。

- **float**（浮點數）：帶有小數點的數字，也就是數學上所指的實數（real number）。除了一般小數點表示，也能使用科學記號格式以指數表示，例如6e-2，其中6稱為假數，-2稱為指數。
- **bool**（布林值）：是一種表示邏輯的資料型態，是int的子類別，只有真假值True與False。布林資料型態通常使用於流程控制做邏輯判斷。你也可以採用數值「1」或「0」來代表True或False。

> **Tips**
>
> 使用布林值False與True時要特別注意第一個字母必須大寫。

Python必須相同資料型態才能進行運算，例如字串與整數不能相加，必須先將字串轉換為整數，但是如果運算子都是數值型態的話Python會自動轉換，不需要強制轉換型態，例如：

```
total = 10+ 7.2   #結果num=17.2 (浮點數)
```

Python會自動將整數轉換為浮點數再進行運算。

另外，布林值也可以當成數值來運算，True代表1，False代表0，例如：

```
total = 8 + True  #結果total =9 (整數)
```

2-2-2 字串資料型態

將一連串字元放在單引號或雙引號括起來，就是一個字串（string），如果要將字串指定給特定變數時，可以使用「=」指派運算子。範例如下：

```
phrase= "心想事成"
```

以下就是Python字串建立方式：

```
wordA = ''          #當單引號之內沒有任何字元時，它是一個空字串
wordB = 'A'         #單一字元
wordC ="Happy"  #建立字串時，也可以使用雙引號
```

如果字串的本身包含雙引號或單引號，則可以使用另外一種引號來包住該字串。以下兩種表示方式都是正確方式：

```
title = "地表最簡易的'Python'入門書"
```

或是

```
title = '地表最簡易的"Python"入門書'
```

例如底下指令的輸出結果如下：

```
>>> print("地表最簡易的'Python'入門書")
地表最簡易的'Python'入門書
>>> 
```

當字串較長時，也可以利用「\」字元將過長的字串拆成兩行。如下圖所示：

```
slogan="人進來\
貨出去\
全國發大財"
```

當各位需要依照固定的格式來輸出字串，則可以利用三重單引號或三重雙引號來框住使用者指定的字串格式，例如：

```
>>> poem=''' 此情可待成追憶，
...      只是當時已惘然。'''
>>> print(poem)
 此情可待成追憶，
     只是當時已惘然。
>>>
```

字串中的字元彼此具有前後順序的關係，如果要串接多個字串，也可以利用「+」符號，例如：

```
>>> print("青春"+"永駐")
青春永駐
>>>
```

另外字串的索引值具有順序性，如果要取得單一字元或子字串，就可以使用[]運算子，而從字串中擷取子字串的動作就稱爲「切片」（slicing）運算。

下表是使用[]運算子的各項功能說明：

運算子	功能說明
s[n]	依指定索引值取得序列的某個元素
s[n:]	依索引值n開始到序列的最後一個元素
s[n : m]	取得索引值n至m-1來取得若干元素
s[:m]	由索引值0開始，到索引值m-1結束

運算子	功能說明
s[:]	表示會複製一份序列元素
s[::-1]	將整個序列的元素反轉

以下範例是標示出字串中每一個字元的索引編號index值。例如我們宣告一個字串「msg = 'Sunday is fun!'」，index值由第一個字元（左邊）開始，是從0開始，若是從最後一個字元（右邊）開始，則是從-1開始。

msg	S	u	n	d	a	y		i	s		f	u	n	!
index	0	1	2	3	4	5	6	7	8	9	10	11	12	13
-index	-14	-13	-12	-11	-10	-9	-8	-7	-6	-5	-4	-3	-2	-1

以下示範了幾種常見取得子字串的方式：

```
msg[2 : 5]  #不含索引編號5，可取得3個字元。
msg[6: 14]  #可取到最後的一個字元
msg[6 :]    #表示msg[6 : 14]。
msg[:5]     # 表示start省略時，從索引值0開始取5個字元。
msg[4:8]    #索引編號從4~7，取4個字元。
```

上述各種字串的切片運算，執行結果如下：

```
>>> msg = 'Sunday is fun!'
>>> msg[2 : 5]
'nda'
>>> msg[6: 14]
' is fun!'
>>> msg[6 :]
' is fun!'
>>> msg[:5]
'Sunda'
>>> msg[4:8]
'ay i'
>>>
```

CHAPTER 2

2-2-3 跳脫序列

字元型態資料中還有一些特殊字元是無法利用鍵盤來輸入或顯示於螢幕。這時候必須在字元前加上「跳脫字元」（\），來通知編譯器將反斜線後面的字元當成一般的字元顯示，或者進行某些特殊的控制，例如之前我們提過的「\n」字元，就是表示換行的功用。

由於反斜線之後的某字元將跳脫原來字元的意義，並代表另一個新功能，我們稱它們為跳脫序列（escape sequence）。下表為Python的跳脫字元：

跳脫字元	說明
\0	字串結束字元
\a	警告字元，發出「嗶」的警告音
\b	倒退字元（backspace），倒退一格
\t	水平跳格字元（horizontal Tab）
\n	換行字元（new line）
\v	垂直跳格字元（vertical Tab）
\f	跳頁字元（form feed）
\r	返回字元（carriage return）
\"	顯示雙引號（double quote）
\'	顯示單引號（single quote）
\\	顯示反斜線（backslash）

例如：

```
sentence = "今日事！\n今日畢！"
```

當下達print指令將sentence字串內容輸出時，「今日畢！」就會顯示在第二行，這是因為在輸出「今日畢！」前，必須先行輸出跳脫字元"\n"，它是用來告知系統進行換行的動作，執行結果如下圖所示：

```
>>> print("今日事！\n今日畢！")
今日事！
今日畢！
>>> _
```

以下程式範例將告訴各位各種常用跳脫字元的使用方式及綜合應用。

【**程式範例：comment.py**】跳脫字元應用範例

```
01 print("顯示反斜線: " + '\\')
02 print("顯示單引號: " + '\'');
03 print("顯示雙引號: " + '\"');
04 print("顯示16進位數: " + '\u0068')
05 print("顯示8進位數: " + '\123')
06 print("顯示倒退一個字元: " + '\b' + "xyz")
07 print("顯示空字元: " + "xy\0z")
08 print("雙引號的應用->\"跳脫字元的綜合運用\"\n")
```

【執行結果】

```
顯示反斜線: \
顯示單引號: '
顯示雙引號: "
顯示16進位數: h
顯示8進位數: S
顯示倒退一個字元:  xyz
顯示空字元: xy z
雙引號的應用->
"跳脫字元的綜合運用"
```

【程式碼解說】

- 第1～7行：示範如何輸出特定的跳脫字元。
- 第8行：跳脫字元的綜合運用，此處示範了如何印出雙引號及利用跳脫字的「\n」進行換行。

Tips

在Python程式設計過程中變數的資料型態經常會改變，如果想要了解目前變數的資料型態，就可以使用type()函數來傳回指定變數的資料型態。

2-2-4 資料型態轉換

當各位設計程式時，如果運算不同資料型態的變數，往往會造成資料型態的不一致，這時候就必須進行資料型態的轉換，通常資料型態轉換功能可以區分為「自動型態轉換」與「強制型態轉換」。

所謂「自動型態轉換」是由直譯器來判斷應轉換成何種資料型態，例如當整數與浮點數運算時，系統會事先將整數自動轉換為浮點數之後再進行運算，運算結果為浮點數。例如：

```
total= 7 + 3.5  # 其運算結果為浮點數10.5
```

不過整數與字串無法自動轉換資料型態，當對整數與字串進行加法運算時，就會產生錯誤。請試著輸入以下的指令，則會出現資料型態錯誤的警告訊息。

```
total = 125+ "總得分"
```

```
>>> total = 125+ "總得分"
Traceback (most recent call last):
  File "<stdin>", line 1, in <module>
TypeError: unsupported operand type(s) for +: 'int' and 'str'

>>> _
```

除了由系統自動型態轉換之外，Python也允許使用者強制轉換資料型態。例如想利用兩個整數資料相除時，可以用強制性型態轉換，暫時將整數資料轉換成浮點數型態。

以下三個指令為常見的Python強制資料型態轉換的命令：

- int()：將資料強制轉換為整數資料型態。
- float()：將資料強制轉換為浮點數資料型態。
- str()：將資料強制轉換為字串資料型態。

例如：

num=int("1357")
這個指令會將字串轉換成整數，num的值就會等於1357。
num=float("3.14159")
這個指令會將字串轉換成浮點數，num的值就會等於3.14159。

2-3 方便實用的輸出入指令

任何程式設計的目的就在於將使用者所輸入的資料，經由電腦運算處理後，再將結果另行輸出。接下來我們就要為您介紹Python中最常用的輸出與輸入指令。

2-3-1 輸出指令：print

print指令就是Python用來輸出指定的字串或數值到標準輸出裝置，預設的情況下是指輸出到螢幕。print的正式語法格式：

```
print(項目1[, 項目2,…, sep=分隔字元, end=結束字元])
```

- 項目1, 項目2,…：print指令可以用來列印多個項目，每個項目之間必須以逗號隔開「,」。上述指令中的中括號[]內的項目、分隔字元或結束字元，可有可無。
- sep：分隔字元，可以用來列印多個項目，每個項目之間必須以分隔符號區隔，Python預設的分隔符號為空白字元（" "）。
- end：結束字元，是指在所有項目列印完畢後會自動加入的字元，系統的預設值為換列字列（"\n"）。正因為這樣的預設值，當執行下一次的列印動作會輸出到下一列。

以下範例示範三種print的語法的使用方式及輸出結果：

```
>>> print("一元復始")
一元復始
>>> print("五福臨門","十全十美",sep="#")
五福臨門#十全十美
>>> print("五福臨門","十全十美")
五福臨門 十全十美
>>>
```

上述三種print的語法的差異，說明如下：

- 第1種的寫法最為單純，此指令省略了分隔字元及結束字元，因此其結束字元會採用系統的預設值空白字元「\n」，所以輸出完此字串會自動換行。
- 第2種寫法則加入了分隔字元「#」，本來預設各項目間會以空白字元隔開，但此處指定了「#」為其分隔字元，各位就可以看到每個項目間會以「#」符號隔開。

● 第3種寫法剛好可以和第2種寫法做一比較，此寫法沒有指定分隔字元，系統就會指派預設值空白字元作爲各項目間的分隔字元。

接下來我們要補充print指令也支援格式化功能，主要是由"%"字元與後面的格式化字串來輸出指定格式的變數或數值內容，語法如下：

```
print("項目" %(參數列))
```

常用輸出格式化參數請參考下表。

格式化符號	說明
%s	字串
%d	整數
%f	浮點數
%e	浮點數，指數e型式
%o	八進位整數
%x	十六進位整數

例如：

```
height=178
print("小郭的身高：%d" % height)
```

輸出結果：

```
小郭的身高：178
```

接下來還要介紹一個實用的方法，就是利用format指令來進行格式化工作，這個指令是以一對大括號「{}」來表示參數的位置，語法如下：

```
print(字串.format(參數列))
```

舉例來說：

```
print("{0} 今年 {1} 歲. ".format("王小明", 18))
```

其中{0}表示使用第一個引數、{1}表示使用第二個引數，以此類推，如果{}內省略數字編號，就會依照順序填入。

您也可以使用引數名稱來取代對應引數，例如：

```
print("{writer} 每年賺 {money} 版稅. ".format(writer ="陳大春",
money=600000))
```

直接在數字編號後面加上冒號「:」可以指定參數格式，例如：

```
print('{0:.2f}'.format(3.14159))  #3.14
```

表示第一個引數取小數點後2位。

我們來看幾個例子：

範例一：

```
num=1.732659
print("num= {:.3f}".format(num))  # num= 1.733
```

{:.3f}表示要將數值格式化成小數點後3位。

範例二：

```
num=1.732659
print("num= {:7.3f}".format(num))  #num=   1.733
```

其中{:7.3f }表示數值總長度爲7的浮點數，且小數點後3位，此處的小數點也在總長度內。從執行結果來看，總長度爲7，但在數值前會補空白。

以下的例子是利用format方法來格式化輸出字串及整數的工作：

範例三：

```
university="全優職能專科學校"
year=142
print("{} 已辦校 {} 年" .format (university, year))
```

輸出結果如下：

```
全優職能專科學校 已辦校 142 年
```

在上例中各位可以看到字串中的{}符號，就是用來標示要寫入參數的位置。例如要輸出的university及year變數，在字串中就必須有相對應{}符號配合，來告知系統將這兩個變數的值寫在此處。

以下範例使用了利用各種不同的format方法來格式化輸出字串及整數。

【程式範例：**format_para.py**】利用format方法來格式化輸出

```
01 num1=9.86353
02 print("num1= {:.3f}".format(num1))
03 num2=524.12345
04 print("num2= {:12.3f}".format(num2))
05 company="智能AI科技股份有限公司"
06 year=18
07 print("{} 已設立公司 {} 年" .format (company, year))
08 print("{0} 成立至今已 {1} 歲".format(company, year))
```

【執行結果】

```
num1= 9.864
num2=       524.123
智能AI科技股份有限公司 已設立公司 18 年
智能AI科技股份有限公司 成立至今已 18 歲
```

【程式碼解說】

- 第1～4行：分別指定不同的數值總長度及小數點位數來觀察不同的數值輸出結果。
- 第7～8行：分別以兩種不同的format參數的指定方式示範如何在指定位置輸出對應的變數內容。

2-3-2 輸入指令：input

我們知道print指令是用來輸出資料，如果各位打算取得使用者的輸入，input指令則是讓使用者由鍵盤輸入資料，把使用者所輸入的數值、字元或字串傳送給指定的變數。要從鍵盤輸入資料十分簡單，語法如下：

```
變數 = input(提示字串)
```

當輸入資料並按下Enter鍵後，就會將輸入的資料指定給變數。上述語法中的「提示字串」是一段告知使用者輸入的提示訊息，例如希望使用者輸入年齡，再以print()指令輸出年齡，程式碼如下：

```
age =input("請輸入你的年齡：")
print (age)
```

以下為執行結果：

```
請輸入你的年齡：36
36
```

在此還要提醒各位，使用者輸入的資料一律會視為是字串，各位可以透過內建的int()、float()、bool()等函數將輸入的字串轉換為整數、浮點數或布林值型態。

例如請試著寫一支test.py的程式去進行下列程式碼的測試。

```
price =input("請輸入產品價格：")
print("漲價10元後的產品價格：")
print (price+10)
```

上面的程式將會因為字串無法與數值相加而產生錯誤。

```
請輸入產品價格：60
漲價10元後的產品價格：
Traceback (most recent call last):
  File "D:\進行中書籍\深石_Python高中版\範例檔\test.py", line 3, in <module>
    print (price+10)
TypeError: can only concatenate str (not "int") to str
```

這是因為輸入的變數price是字串無法與數值「10」相加，因此必須在進行相加運算前以int()函數將字串強制轉換為數值資料型態，如此一來才可以正確的進行運算。修正的程式碼如下：

```
price =input("請輸入產品價格：")
print("漲價10元後的產品價格：")
print (int(price)+10)
```

以下範例可以看出如果輸入的字串沒有先利用int()轉換成整數就直接進行加法運算，其產生的結果會變成兩個字串相加，而造成錯誤的輸出結果。

【程式範例：**strtoint.py**】將輸入的字串轉換成整數型態

```
01 no1=input("請輸入甲班全班人數：")
02 no2=input("請輸入乙班全班人數：")
03 total1=no1+no2
04 print(type(total1))
05 print("兩班總人數為%s" %total1)
06 total2=int(no1)+int(no2)
07 print(type(total2))
08 print("兩班總人數為%d" %total2)
```

【執行結果】

```
請輸入甲班全班人數：50
請輸入乙班全班人數：60
<class 'str'>
兩班總人數為5060
<class 'int'>
兩班總人數為110
```

【程式碼解說】

- 第1～2行：分別輸入甲乙兩班的人數。
- 第3～5行：直接將所輸入的人數進行相加的動作，可以看出其相加的結果是一種字串（str）的資料型態，結果值和預期的兩班人數的加總結果不同。
- 第6～8行：在加總前先將輸入的字串轉換成整數，再進行相總，其結果值的資料型態是整數（int）資料型態，所輸出的兩班人數的加總結果才是正確的。

本章課後習題

一、選擇題

1.（　）下列何者是無效的Python變數？

(A) _tall

(B) pass01

(C) 6_total

(D) SSN_NO

2. (　) 將數值資料轉爲字串的函數是哪一種？

(A) str()函數

(B) string()函數

(C) ord()函數

(D) chr()函數

3. (　) 當字串較長時，可以用哪一個字元將過長的字串拆成兩行？

(A) 「/」字元

(B) 「\」字元

(C) 「\\」字元

(D) 「//」字元

4. (　) 如果要依照固定的格式來輸出字串可以用哪一個符號來框住指定的字串？

(A) 三重單引號

(B) 三重雙引號

(C) 以上皆可

(D) 以上皆否

5. (　) 一些特殊字元無法顯示於螢幕，這時候必須在此特殊字元前加上什麼符號形成所謂跳脫字元？

(A) \

(B) \\

(C) /

(D) //

二、問答與實作題

1. 試簡述Python語言的命名規則。

2. 請說明底下無效變數錯誤的原因。

7_up

for

$$$999

happy new year

3. 何謂切片（slicing）運算，試舉例說明之。

第三章

運算式與運算子

精確快速的計算能力稱得上是電腦最重要的能力之一，而這些就是透過程式語言的各種指令來達成，而指令的基本單位是運算式與運算子。不論如何複雜的程式，本質上多半是用來幫助我們從各種運算的工作，而這些都必須依賴一道道的運算式程式碼來完成。各位都學過數學的加減乘除四則運算，如3+5、3/5、2-8+3/2等，這些都可算是運算式的一種。

任何運算都跟運算元及運算子有關

運算式就像平常所用的數學公式一樣，是由運算子（operator）與運算元（operand）所組成。不論如何複雜的程式，目的上多半是用來幫助我們從各種運算的工作，而這些過程都必須依賴一道道的運算式來加以完成。運算式就像平常所用的數學公式一樣，例如：

```
A=(C+2*B)*(B+25)/7
```

上面整個數學式就是運算式，=、+、*及/符號稱爲運算子，而變數A、B、C及常數2、25都屬於運算元。運算子如果只有一個運算元，則稱爲「一元運算子」，例如：表達負值的「-23」。當有兩個運算元，則是「二元運算子」，例如算術運算子加、減、乘、除就是一種「二元運算子」。例如：3 + 7。本章中將爲各位介紹與討論Python中的運算子與運算式各種相關功能。

3-1 算術運算子

算術運算子（arithmetic operator）是程式語言中使用率最高的運算子，常用於一些四則運算，下表中列出了Python的各種算術運算子功能說明、範例及運算後的結果值。

算術運算子	範例	說明
+	a+b	加法
-	a-b	減法
*	a*b	乘法
**	a**b	乘冪（次方）
/	a/b	除法
//	a//b	整數除法
%	a%b	取餘數

算術運算子的優先順序爲「先乘除後加減」，舉個例子：

```
3+1*2
```

上式的運算結果會是5。而括號的優先順序又高於乘除，如果上式改爲(3+1)*2的話，運算結果就會是8，如果同樣的優先順序，通常會以由左至右的順序來運算。「/」與「//」都是除法運算子，「/」會有浮點數；「//」會將除法結果的小數部分去掉，只取整數，「%」是取得除法後的餘數。例如：

```
a = 9
b = 2
print(a / b)    #浮點數4.5
print(a // b)   #整數4
print(a % b)   #餘數1
```

如果運算結果並不指定給其他變數，則運算結果的資料型態將以運算元中資料型態最大的變數爲主。例如運算元兩者皆爲整數，而運算結果產生小數，則將自動以小數方式輸出結果，各位無需擔心資料型態的轉換問題。

Tips

「+」號也可以用來連接兩個字串。例如：

a = "abc" + "def"   #a="abcdef"

以下範例可以讓使用者熟悉加法及減法的使用。

【程式範例：**AddMinus.py**】熟悉加法及減法

```
01 num1=int(input("請輸入第一個整數: "))
02 num2=int(input("請輸入第二個整數: "))
```

```
03 print("第一個整數的值: %d" %num1)
04 print("第二個整數的值: %d" %num2)
05 print("兩個整數相加的值: %d" %(num1+num2))
06 print("兩個整數相減的值: %d" %(num1-num2))
```

【執行結果】

```
請輸入第一個整數: 100
請輸入第二個整數: 30
第一個整數的值: 100
第二個整數的值: 30
兩個整數相加的值: 130
兩個整數相減的值: 70
```

【程式碼解說】

- 第1～2行：請使用者輸入兩個整數。
- 第3～4行：輸出兩個整數的值。
- 第5行：輸出兩個整數相加的值。
- 第6行：輸出兩個整數相減的值。

以下範例可以讓使用者輸入三次月考的成績，並將三次月考的總分及平均成績輸出。

【程式範例：score.py】成績計算

```
01 s1=int(input("請輸入第一次月考成績: "))
02 s2=int(input("請輸入第二次月考成績: "))
03 s3=int(input("請輸入第三次月考成績: "))
04 print("三次月考的加總分數: %d" %(s1+s2+s3))
05 avg=(s1+s2+s3)/3
06 print("三次月考的平均分數: %3.1f" %avg)
```

【執行結果】

```
請輸入第一次月考成績: 95
請輸入第二次月考成績: 92
請輸入第三次月考成績: 97
三次月考的加總分數: 284
三次月考的平均分數: 94.7
```

【程式碼解說】

- 第1～3行：輸入三次月考成績，請記得將所輸入的字串型態轉換成整數型態。
- 第4行：輸出三次月考的加總成績。
- 第5行：計算三次月考的平均。
- 第6行：輸出三次月考的平均成績。

3-2 指定運算子

指定運算子是一種指定的概念

指定運算子就是指=符號，指定運算子（=）會將它右側的值指定給左側的變數。在指定運算子（=）右側可以是常數、變數或運算式，最終都會將值指定給左側的變數；而運算子左側也僅能是變數，不能是數值、函數或運算式等。例如運算式X-Y=Z就是不合法的。例如下面這樣的指令：

```
index=0
index=index+3
```

Tips

在Python中單一個等號「=」是指定，兩個等號「==」用來做關係比較，不可混用。

3-2-1 複合指定運算子

另外指定運算子也可以搭配某個運算子，而形成「複合指定運算子」（compound assignment operators）。複合指定運算子的格式如下：

```
a op= b;
```

此運算式的含意是將a的值與b的值以op運算子進行計算，然後再將結果指定給a。例如：

```
a += 1    #相當於a = a + 1
a -= 1    #相當於a = a - 1
```

其中複合指定運算子則有以下幾種：（num預設初值爲10）

運算子	說明	運算	指定運算	結果
+=	加	num = num + 1	num += 1	num = 11
-=	減	num = num - 1	num -= 1	num = 9
*=	乘	num = num * 2	num *= 2	num = 20
/=	除	num = num / 2	num /= 2	num = 5.0
**=	次方	num = num ** 3	num **= 3	num = 1000
//=	整除	num = num // 3	num //= 3	num = 3
%=	取餘數	num = num % 3	num %= 3	num = 1

以下範例是指定運算子及複合指定運算子的綜合應用。

【程式範例：**compound.py**】複合指定運算子的練習

```
01 """
02 指派運算子練習
03 """
04
05 a =3
06 b =1
07 c =2
08
09 x = a + b * c
10 print("{}".format(x)) #x=3+1*2=5
11 a += c
12 print("a={0}".format(a,b))  #a=3+2=5
13 a -= b
14 print("a={0}".format(a,b))  #a=5-1=4
15 a *= b
16 print("a={0}".format(a,b))  #a=4*1=4
17 a **= b
```

```
18 print("a={0}".format(a,b))  #a=4**1=4
19 a /= b
20 print("a={0}".format(a,b))  #a=4/1=4
21 a //= b
22 print("a={0}".format(a,b))  #a=4//1=4
23 a %= c
24 print("a={0}".format(a,b))  #a=4%2=0
25 s = "程式設計" + "很有趣"
26 print(s)
```

【執行結果】

```
5
a=5
a=4
a=4
a=4
a=4.0
a=4.0
a=0.0
程式設計很有趣
```

【程式碼解說】

- 第11～12行：將a與c相加後的值同時指派變數a，再將a的結果值輸出。
- 第13～14行：將a與b相減後的值同時指派變數a，再將a的結果值輸出。
- 第15～16行：將a與b相乘後的值同時指派變數a，再將a的結果值輸出。
- 第17～18行：將a與b進行乘冪後的值同時指派變數a，再將a的結果值輸出。

- 第19～20行：將a與b相除後的值同時指派變數a，再將a的結果值輸出。
- 第21～22行：將a與b整數相除同時指派給變數a，再將a的結果值輸出。
- 第23～24行：將a與b取餘數同時指派給變數a，再將a的結果值輸出。
- 第25～26行：字串相加後再輸出。

3-3 關係運算子

關係運算子主要是在比較兩個數值之間的大小關係，並產生布林型態的比較結果，通常用於流程控制語法。當使用關係運算子時，所運算的結果就是成立或者不成立。狀況成立，稱之爲「眞（True）」，狀況不成立，則稱之爲「假（False）」。False是用數值0來表示，其他所有非0的數值，則表示True（通常會以數值1表示）。關係比較運算子共有六種，如下表所示：

關係運算子	功能說明	用法	A=15，B=2
>	大於	A>B	15>2，結果爲True(1)
<	小於	A<B	15<2，結果爲False(0)
>=	大於等於	A>=B	15>=2，結果爲True(1)
<=	小於等於	A<=B	15<=2，結果爲False(0)
==	等於	A==B	15==2，結果爲False(0)
!=	不等於	A!=B	15!=2，結果爲True(1)

以下程式範例就是用來表示與說明關係運算子的各種實例。

【程式範例：**relation.py**】比較運算子

```
01 a = 54
02 b = 35
03 c = 21
04 ans1 = (a == b)  #判斷a是否等於b
05 ans2 = (b != c) #判斷b是否不等於c
06 ans3 = (a <= c) #判斷a是否大於等於c
07 print(ans1)
08 print (ans2)
09 print (ans3)
```

【執行結果】

```
False
True
False
```

【程式碼解說】

- 第1～3行：用來指定三個整數變數a、b及c的起始值。
- 第4行：比較「a==b」是否成立。由於程式中第4行的「a==b」比較結果並不成立，因此在上圖中的第一行中顯示的比較結果爲「False」
- 第5行：比較「b!=c」是否成立。「b!=c」的比較結果成立，顯示的比較結果爲「True」。
- 第6行：比較「a<= c」是否成立。「a<=c」的比較結果不成立，顯示的比較結果爲「False」。
- 第7～9行：將比較結果輸出至螢幕。

3-4 邏輯運算子

邏輯運算子（logical operator）通常是用在兩個表示式之間的關係判斷，運算結果僅有「眞（True）」與「假（False）」兩種值，經常與關係運算子合用，可控制程式流程，邏輯運算子包括and、or、not等運算子。相關運算子的功能分別說明如下：

邏輯運算子	說明	範例
and（且）	左、右兩邊都成立時才傳回眞	a and b
or（或）	只要左、右兩邊有一邊成立就傳回眞	a or b
not（非）	眞變成假，假變成眞	not a

例如下面指令的邏輯運算其輸出結果爲False：

```
x= 28
y = 35
print(x> y and x == y)
```

例如下面指令的邏輯運算其輸出結果爲True：

```
a = 52
b = 98
print(a < b or a == b)
```

例如下面的指令運算結果爲False：

```
a = 3
b = 7
print(not a<5)
```

我們再來看另外一個例子：

```
num = 89
value = num % 7 == 0 or num % 5 == 0 or num % 3 == 0
print(value)
```

使用or運算子，由於89無法被7、5、3整除，所以value回傳「False」。

以下程式範例是輸出三個整數與邏輯運算子相互關係的眞值表，請各位特別留意運算子間的交互運算規則及優先次序。

【程式範例：**logic.py**】：比較運算子

```
01 a,b,c=3,5,7;     #宣告a、b及c三個整數變數
02 print( "a= %d b= %d c= %d"  %(a,b,c))
03 print( "========================================" )
04 #包含關係與邏輯運算子的運算式求值
05 print( "a<b and b<c or c<a = %d"  %(a<b and b<c or c<a))
```

【執行結果】

```
a= 3 b= 5 c= 7
========================================
a<b and b<c or c<a = 1
```

【程式碼解說】

- 第1行：宣告a、b及c三個整數變數。
- 第2行：輸出a、b及c三個整數變數的值。
- 第5行：輸出包含關係與邏輯運算子的運算式求值。

3-5 運算子優先順序

一個運算式中往往包含了許多運算子，運算子優先順序會決定程式執行的順序，這對執行結果有重大影響，不可不慎。如何安排彼此間執行的先後順序，就需要依據優先權來建立運算規則。記得小時候數學課時，最先背誦的口訣就是「先乘除，後加減」，這就是優先順序的基本概念。所以在處理一個多運算子的運算式時，有一些規則與步驟必須要遵守，如下所示：

1. 當遇到一個運算式時，先區分運算子與運算元。
2. 依照運算子的優先順序做整理的動作。
3. 將各運算子根據其結合順序進行運算。

通常運算子會依照其預設的優先順序來進行計算，但是也可利用「()」括號來改變優先順序。以下是Python中各種運算子計算的優先順序：

運算子	說明
()	括號
not - +	邏輯運算NOT 負數 正數

運算子	說明
* / %	乘法運算 除法運算 餘數運算
+ -	加法運算 減法運算
> >= < <=	比較運算大於 比較運算大於等於 比較運算小於 比較運算小於等於
== !=	比較運算等於 比較運算不等於
and or	邏輯運算AND 邏輯運算OR
=	指定運算

3-6 本章綜合範例：快速兌換鈔票演算法

請設計一Python程式，能夠讓使用者輸入準備兌換的金額，並能輸出所能兌換的百元、五十元紙鈔與十元硬幣的數量。

【執行結果】

```
請輸入將兌換金額:7890
百元鈔有 78 張 五十元鈔有 1 張 十元鈔有 4 張
```

```
01 num=int(input("請輸入將兌換金額:"))
02 hundred=num//100
03 fifty=(num-hundred*100)//50
04 ten=(num-hundred*100-fifty*50)//10
```

```
05 print("百元鈔有 %d 張 五十元鈔有 %d 張 十元鈔有 %d 張" %
    (hundred,fifty,ten))
```

【程式碼解說】

- 第1行：輸入兌換金額。
- 第2行：用整除運算子取百元鈔。
- 第3行：將所有已兌換百元鈔的錢扣除，用整除運算子取五十元鈔。
- 第4行：剩下的錢用整除運算子取十元鈔。

本章課後習題

一、選擇題

1. （　）下列哪一個運算子可以用來改變運算子原先的優先順序？
   (A) ()
   (B) ''
   (C) ""
   (D) #
2. （　）下列何者運算子的優先順序最高？
   (A) ==
   (B) %
   (C) /
   (D) not
3. （　）13%3的值爲何？
   (A) 1
   (B) 2

(C) 3

(D) 4

4. （　）6 !=8結果值爲何？

(A) true

(B) false

(C) True

(D) False

5. （　）a =8;b =5;c =3，請問經過a += c運算後a的結果值爲何？

(A) 11

(B) 10

(C) 9

(D) 8

二、問答與實作題

1. 指定運算子左右側的運算元使用上有要注意的地方，請舉例一種不合法的指定方式？
2. 處理一個多運算子的運算式時，有哪些規則與步驟是必須要遵守？
3. 請依運算子優先順序試算下列程式的輸出結果？

```
a = 18
b = 3
c = 6*(24/a + (5+a)/b)
print("6*(24/a + (5+a)/b)=", c)
```

4. 請寫出下列程式的輸出結果？

```
x= 25
y = 78
```

```
print(x> y and x == y)
```

5. 請寫出下列程式的輸出結果？

```
a =5
b =4
c =3

x = a + b * c
print("{}".format(x))
a += c
print("a={0}".format(a,b))
a //= b
print("a={0}".format(a,b))
a %= c
```

6. 已知a=20、b=30，請計算下列各式的結果：

```
a-b%6+12*b/2
(a*5)%8/5-2*b)
(a%8)/12*6+12-b/2
```

7. 已知a=b=5，x=10、y=20、z=30，請計算x*=a+=y%=b-=z/=3，最後x的值。

8. 已知a=10、b=30，請問經過 `a+=a+=b+=b%=4`，最後a的值。

第四章

流程控制與選擇結構

程式的進行順序可不是像我們中山高速公路，由北到南一路通到底，有時複雜到像北宜公路上的九彎十八轉，幾乎讓人暈頭轉向。Python主要是依照原始碼的順序由上而下執行，不過有時也會視需要來改變順序，此時就可由流程控制指令來告訴電腦，應該優先以何種順序來執行指令。Python包含了三種常用的流程控制結構，分別是「循序結構」（sequential structure）、「選擇結構」（selection structure）以及「重複結構」（repetition structure）。

程式執行流程就像四通八達的公路

4-1 循序結構

循序結構就是一種直線進行的概念

循序結構就是一個程式指令由上而下接著一個程式指令的執行方式，如下圖所示：

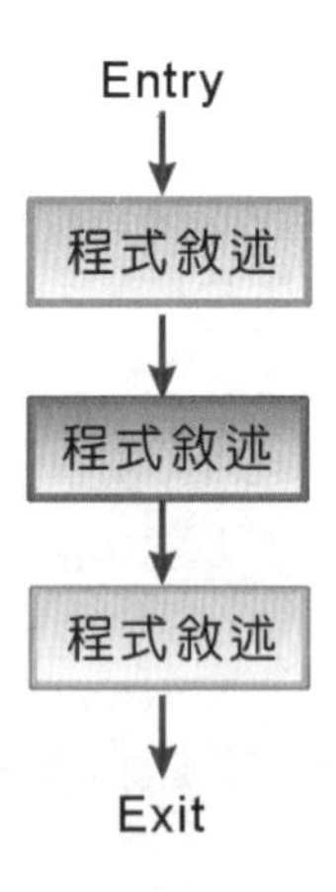

程式區塊（statement block）可以被看作是一個最基本的指令區，使用上就像一般的程式指令，而它也是循序結構中最基本的單元，大部分的程式語言（如C/C++、Java）是以大括號{、}將多個指令包圍起來，這樣

以大括號包圍的多行指令，就稱作程式區塊。形式如下所示：

```
{
    指令1；
    指令2；
    指令3；
}
```

至於Python程式裡的區塊，主要是透過「縮排」來表示，縮排可以使用空白鍵或Tab鍵產生空格鍵，建議以四個空格鍵進行縮排，各位只要以Tab鍵或相同字元的空格鍵都能達到同一程式區塊縮排的效果。例如if/else:的下一行程式必須縮排，例如：

```
score = 80

if score > 60:
    print("及格")          if區塊
else:
    print("不及格")        else區塊
```

Python程式碼裡的縮排對執行結果有很大的影響，也因此Python對於縮排非常嚴謹，同一個區塊的程式碼必須使用相同的空白數進行縮排，否則就會出現錯誤。對於同一個檔案的程式碼，縮排時如果採用Tab鍵最能維持其一致性，這是Python語言的特有語法，這種做法其實是希望撰寫程式的人養成縮排的習慣。

4-2 選擇結構

汽車行進路口該轉向哪個方向就是種選擇結構

選擇結構（selection structure）是一種條件控制指令，包含一個條件判斷式，如果條件為真，則執行某些指令，一旦條件為假，則執行另一些指令。選擇結構的條件指令是讓程式能夠選擇應該執行的程式碼，就好比各位開車到十字路口，可以根據不同的狀況來選擇需要的路徑。如下圖所示：

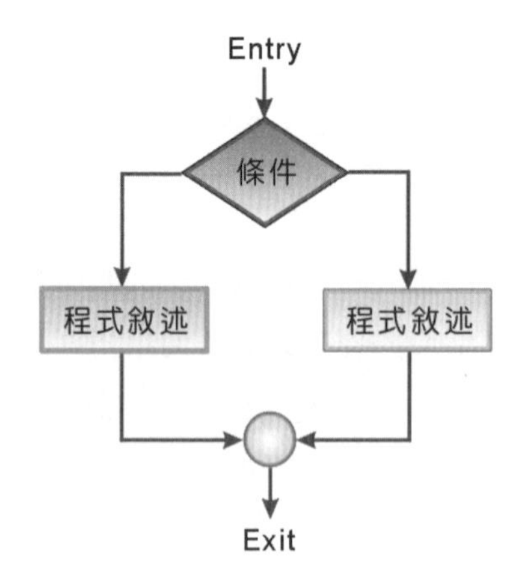

4-2-1 if條件指令

對於Python程式設計來說，if條件指令是個相當普遍且實用的指令。當if的判斷條件成立時（傳回1），程式將執行縮排的程式碼區塊；否則判斷條件不成立（傳回0）時，則不執行縮排的程式碼區塊，並結束if指令。在設計程式的過程中，如果遇到只有單一測試條件時，這時就需要用到if單向判斷式來進行程式的編寫。其語法如下所示：

```
if 條件運算式:
    程式碼區塊
```

if指令搭配條件運算式，可以做布林判斷來取得眞值或假值。在條件運算式之後要有「:」（半形冒號）來作爲縮排的開始。如果條件運算式的執行結果爲眞時，就必須執行這個程式碼區塊。

Tips

請注意！在Python程式語言中的條件式判斷中，符合條件需要執行的程式碼區塊內的所有程式指令，都必須縮排，否則解譯時會產生錯誤。

例如：

```
#單行指令
test_score=80
if test_score>=60:
    print("You Pass!")
```

其執行結果如下：

```
You Pass!
```

下面程式範例使用if條件敘述簡單判斷消費金額是否滿1,200元，如果沒有滿1,200元，則加收一成服務費。

【程式範例：**if.py**】if條件敘述判斷是否加收服務費

```
01 Money=int(input(“請輸入消費的金額:”))
02 if Money<1200:
03        Money*=1.1; #消費未滿 1200，加收服務費1成
04 print(“需繳付的實際金額是 %5.0f 元” %Money)
```

【執行結果】

```
請輸入消費的金額:500
需繳付的實際金額是    550 元
```

【程式碼解說】

- 第1行輸入消費的金額。
- 第2～3行由於if條件敘述只含括一行程式敘述（Money*=1.1），一旦消費金額不足1200時，就會執行第3行的加收服務費運算。

以下程式範例允許使用者自行輸入一個體重數值，接著將輸入體重的字串型態轉換為整數，再利用if指令來判斷體重是否大於或等於80，如果判斷結果為真，則輸出「體重過胖，要小心身材變形」。

【程式範例：**if_weight.py**】if敘述與判斷體重是否過胖的應用範例：

```
01 weight = input('請輸入體重: ')
02 andy = int(weight) #將輸入體重的字串型態轉換為整數
03 if andy >= 80:    #體重大於或等於80
04         print('體重過胖，要小心身材變形')
```

【執行結果】

```
請輸入體重: 85
體重過胖, 要小心身材變形
```

【程式碼解說】

- 第1行：輸入體重，並將輸入的字串設定給weight變數。
- 第2行：將weight變數的字串透過 int() 函數轉換為整數，再將該整數值指定給andy變數。
- 第3～4行：單向判斷式if，如果判斷式成立則印出「體重過胖，要小心身材變形」。

以下程式範例是讓各位輸入停車時數，以一小時40元收費，當大於一小時才開始收費，並列印出停車時數及總費用。

【程式範例：**if_fee.py**】if敘述與列印出停車時數及總費用

```
01 print("停車超過一小時,每小時收費40元")
02 t=int(input("請輸入停車幾小時: ")) #輸入時數
03 if t>=1:
04         total=t*40 #計算費用
05         print("停車%d小時,總費用為:%d元" %(t,total))
```

【執行結果】

```
停車超過一小時,每小時收費40元
請輸入停車幾小時: 7
停車7小時,總費用為:280元
```

【程式碼解說】

- 第2行：輸入停車時數。
- 第3行：利用if指令，當輸入的數字大於1時，會執行後方程式碼第4～5行。

4-2-2 if...else條件指令

if...else條件式的作用是判斷條件式是否成立，是個相當普遍且實用的指令，當條件成立（True）就執行if裡的指令，條件不成立（False，或用0表示）則執行else的指令。如果有多重判斷，可以加上elif指令。if條件式的語法如下：

```
if 條件判斷式：
    #如果條件成立，就執行這裡面的指令
else：
    #如果條件不成立，就執行這裡面的指令
```

例如各位要判斷a變數的內容是否大於等於b變數，條件式就可以這樣寫：

```
if a >= b：
    #如果a大於等於b，就執行這裡面的指令
else：
    #如果a「不」大於或等於b，就執行這裡面的指令
```

if...else條件式流程圖如下：

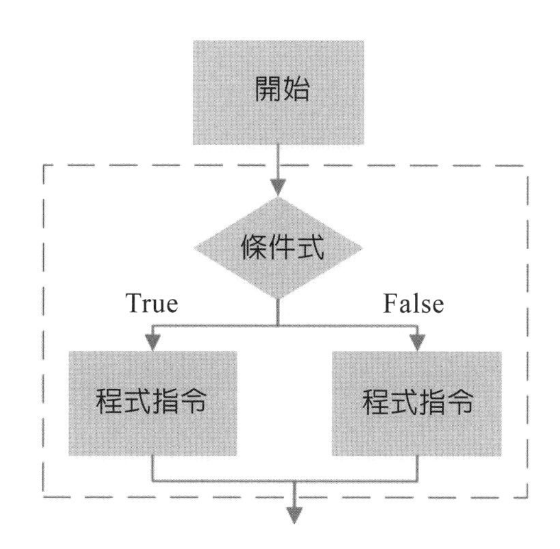

另外如果if...else條件式使用and或or等邏輯運算子，建議加上括號區分執行順序，來提高程式可讀性。例如：

```
if (a==c) and (a>b)：
    #如果a等於c而且a大於b，就執行這裡面的指令
else：
    #如果上述條件不成立，就執行這裡面的指令
```

例如：

```
test_score=50
if test_score>=60:
    print("You Pass!")
else:
    print("You Fail")
```

其執行結果如下：

```
You Fail
```

另外，Python還提供一種更簡潔的if...else條件表達式（conditional expressions），格式如下：

```
X if C else Y
```

根據條件式傳回兩個運算式的其中一個，上式當C爲眞時傳回X，否則傳回Y。例如判斷整數X是奇數或偶數，原本程式會這樣表示：

```
if (x % 2)==0:
    y="偶數"
else:
    y="奇數"
print('{0}'.format(y))
```

改成表達運算式只要簡單一行程式就能達到同樣的目的，如下行所示：

```
print('{0}'.format("偶數" if (X % 2)==0 else "奇數"))
```

當if判斷式爲眞就傳回「偶數」，否則就傳回「奇數」。

或者再來看一個例子，例如先要求使用者輸入身高，如果所輸入的身高大於等於180，則列印出「身高不錯」，但如果小於180，則列印出「身高不算高」。如果以三元運算元來加以表示，其語法如下：

```
height = int(input('請輸入身高：'))
print('身高不錯' if height >= 180 else '身高不算高')
```

其執行結果如下：

```
請輸入身高：168
身高不算高
```

以下程式範例就是一個if...else條件判斷式的應用範例，可以判斷所輸入的數字是否爲5的倍數。

【**程式範例：if_else.py**】if...else條件判斷式的應用範例一

```
01 num = int(input('請輸入一個整數？'))
02 if num%5:
03        print(num, '不是5的倍數')
04 else:
05        print(num, '爲5的倍數')
```

【執行結果】

```
請輸入一個整數？58
58 不是5的倍數
```

```
請輸入一個整數？40
40 為5的倍數
```

【程式碼解說】

- 第1行：輸入一個整數，並將該值設定給變數num。
- 第2～5行：利用「num%5」取除以5的餘數作爲if指令的條件式判斷。

以下程式範例就是利用if...else指令讓使用者輸入一整數，並判斷是否爲2或3的倍數，不過卻不能爲6的倍數。

【程式範例：**if_else.py**】if...else條件判斷式的應用範例二

```
01 value=int(input("請任意輸入一個整數：")) #輸入一個整數
02 #判斷是否爲2或3的倍數
03 if value%2==0 or value%3==0:
04     if value%6!=0:
05         print("符合所要的條件")
06     else:
07         print("不符合所要的條件") #爲6的倍數
08 else:
09     print("不符合所要的條件")
```

【執行結果】

```
請任意輸入一個整數：8
符合所要的條件
```

【程式碼解說】

- 第1行：請任意輸入一個整數。
- 第3行：利用if指令判斷是否為2或3的倍數，與第8行的else指令為一組。
- 第4～7行：則是一組if...else指令，用來判斷是否為6的倍數。

4-2-3 if...elif...else指令

在之前我們使用了if和else敘述來做判斷，當條件成立時執行if敘述，反之則執行else敘述。可是有時候您可能想要多做點不同相關條件的判斷，然後根據判斷結果來執行程式。雖然使用多重if條件指令可以解決各種條件下的不同執行問題，但始終還是不夠精簡，這時elif條件指令就能派上用場了，還可以讓程式碼可讀性更高。

請留意！if敘述視我們程式中邏輯上的需求，後面並不一定要有elif和else，可以只有if，或是if/else，或是if/elif/else三種情形。格式如下：

```
if 條件判斷式1：
    #如果條件判斷式1成立，就執行這裡面的指令
elif 條件判斷式2：
    #如果條件判斷式2成立，就執行這裡面的指令
else：
    #如果上面條件都不成立，就執行這裡面的指令
```

以下為if elif else 條件敘述的流程圖：

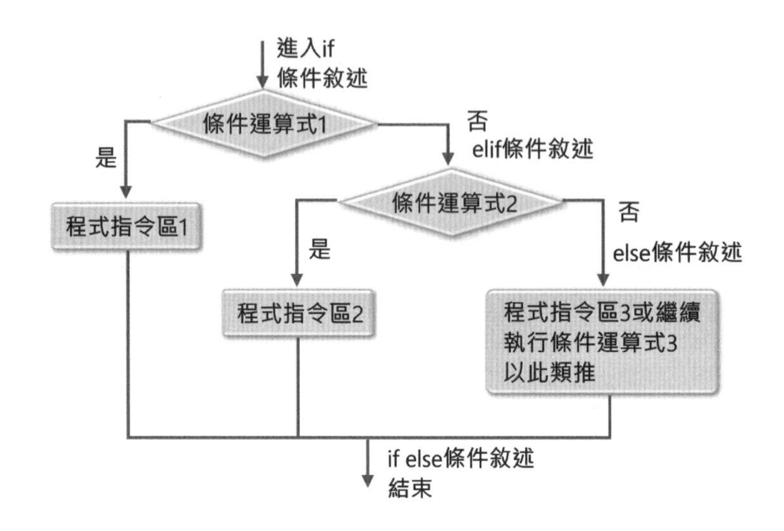

就以if/elif指令將分數做成績等級的判斷，其程式碼簡述如下：

```
score=9000
if score >= 10000:
    print('通過遊戲的第4關卡')
elif score >= 8000:
    print('通過遊戲的第3關卡')
elif score >= 6000:
    print('通過遊戲的第2關卡')
elif score >= 4000:
    print('通過遊戲的第1關卡')
else:
    print('沒有通過遊戲的任何關卡')
```

上述程式的執行結果如下：

```
通過遊戲的第3關卡
```

以下程式範例可以讓消費者輸入購買金額，並依據不同的消費等級有不同的折扣，請使用if...elif指令來輸出最後要花費的金額：

消費金額	折扣
10萬元	15%
5萬元	10%
2萬元以下	5%

【**程式範例：discount.py**】購物折扣

```
01 cost=float(input("請輸入消費總金額:"))
02 if cost>=100000:
03         cost=cost*0.85 #10萬元以上打85折
04 elif cost>=50000:
05         cost=cost*0.9  #5萬元到10萬元之間打9折
06 else:
07         cost=cost*0.95 #5萬元以下打95折
08 print("實際消費總額:%.1f元" %cost)
```

【執行結果】

```
請輸入消費總金額:1800
實際消費總額:1710.0元
```

【程式碼解說】

- 第1行：輸入消費總金額，變數採用單精度浮點數型態，因為結果會有小數點位數。
- 第2行：if判斷式，如果cost是10萬元以上打85折。
- 第4行：elif判斷式，如果cost是5萬元到10萬元之間打9折。
- 第6行：else指令，判斷如果cost小於5萬元，則打95折。

下面程式範例是利用if...elif條件敘述實作一個點餐系統，並介紹如何增加條件判斷式的應用範圍。

【**程式範例：pos.py**】if...elif敘述與點餐系統的應用範例

```
01 print("目前提供的選擇如下")
02 print(" 0.查詢其他相關的點心資料")
03 print(" 1.吉事漢堡" )
04 print(" 2.咖哩珍豬飽")
05 print(" 3.六塊麥克雞")
06 print("請點選您要的項目:" )
07 Select=int(input()) #輸入餐點的項目
08 if Select == 0: #選擇第0項?
09        print("請稍等... 正在查詢其他相關的點心資料")
10 elif Select == 1: #是否選擇第1項?
11        print("這個項目的單價:%d" %45)
12 elif Select == 2: #是否選擇第2項?
13        print("這個項目的單價:%d" %55)
14 elif Select == 3: #是否選擇第3項?
15        print("這個項目的單價:%d" %65)
16 else: #輸入錯誤的處理
17        print("您可能輸入錯誤.... 請重新輸入")
```

【執行結果】

```
目前提供的選擇如下
 0.查詢其他相關的點心資料
 1.吉事漢堡
 2.咖哩珍豬飽
 3.六塊麥克雞
請點選您要的項目:
2
這個項目的單價:55
```

【程式碼解說】

- 第1～6行：顯示可供選擇的相關訊息。
- 第8～17行：整個if...elif條件敘述針對輸入的選項各別顯示相關訊息，其他沒有指定的選項，則一律由else區的程式敘述處理。在這樣的架構下，如果要增加可選擇的項目時，只需要再增加一組elif條件判斷式，即可達到擴充的目的。

4-3 本章綜合範例：閏年判斷演算法

以下程式範例將透過實際範例來練習if...else指令的用法。範例題目是製作一個簡易的閏年判斷程式，讓使用者輸入西元年（4位數的整數year），判斷是否為閏年。滿足下列兩個條件之一即是閏年：

I. 逢4年閏（除4可整除）但逢100年不閏（除100不可整除）

II.逢400年閏（除400可整除）

CHAPTER 4

【程式範例：leapYear.py】

```
01 # -*- coding: utf-8 -*-
02 """
03 程式名稱：閏年判斷程式
04 題目要求：
05 輸入西元年(4位數的整數year)判斷是否爲閏年
06 條件1.逢4閏(除4可整除)而且逢100不閏(除100不可整除)
07 條件2.逢400閏(除400可整除)
08 滿足兩個條件之一即是閏年
09 """
10 year = int(input("請輸入西元年份："))
11
12 if (year % 4 == 0 and year % 100 != 0) or (year % 400 == 0):
13         print("{0}是閏年".format(year))
14 else :
15         print("{0}是平年".format(year))
```

【執行結果】

```
請輸入西元年份：2016
2016是閏年
```

【程式碼解說】

- 第10行：輸入一個西元年分，但記得要利用int()函數將其轉換成整數型別。
- 第12～15行：判斷是否爲閏年，條件1.逢4閏（除4可整除）而且逢100不閏（除100不可整除），條件2.逢400閏（除400可整除），滿足兩個條件之一即是閏年。

本章課後習題

一、選擇題

1. (　) Python程式裡的區塊主要是透過哪一種方式來表示？

   (A) ()

   (B) []

   (C) {}

   (D) 縮排

2. (　) 常用的流程控制結構不包括？

   (A) 選擇結構

   (B) 循序結構

   (C) Goto結構

   (D) 重複結構

3. (　) Python的一次縮排建議幾個空格？

   (A) 1

   (B) 2

   (C) 3

   (D) 4

4. (　) 請問敘述

```
'偶數' if (8 % 2)==0 else '奇數'
```

   結果值爲何？

   (A) '奇數' '偶數'

   (B) '奇數'

   (C) '偶數'

   (D) '偶數' '奇數'

5.（　）在條件運算式之後要有什麼符號來作爲縮排的開始？

(A) >

(B) :

(C) ^

(D) #

二、問答與實作題

1. 請問以下程式碼的執行結果？

```
height=180
if height>=175:
    print("Tall")
```

2. 請問以下程式碼的執行結果？

```
X=20
print("5的倍數" if (X % 5)==0 else "不是5的倍數")
```

3. 請試著撰寫一個程式，讓使用者傳入一數值N，判斷N是否爲7的倍數，是請印出True，不是請印出False。

 第五章 

重複結構

「重複結構」或稱爲迴圈（loop）結構，就是一種迴圈控制格式，根據所設立的條件，重複執行某一段程式指令，直到條件判斷不成立，才會跳出迴圈。例如各位想要讓電腦在螢幕上印出一百個字元'A'，並不需要大費周章地撰寫一百次輸出指令，這時只需要利用重複結構就可以輕鬆達成。在Python中提供了for、while兩種迴圈指令來執行重複程式碼的工作。不論是for迴圈或是while迴圈，主要都是由底下的兩個基本元素組成：

1. 迴圈的執行主體，由程式敘述或複合敘述組成。
2. 迴圈的條件判斷，決定迴圈何時停止執行。

重複結構就是一種繞圈圈的概念

5-1 for迴圈

for迴圈又稱爲計數迴圈，是程式設計中較常使用的一種迴圈型式，可以重複執行固定次數的迴圈。如果程式設計上所需要的迴圈執行次數固定，那麼for迴圈指令就是最佳選擇。下圖是for迴圈的執行流程圖：

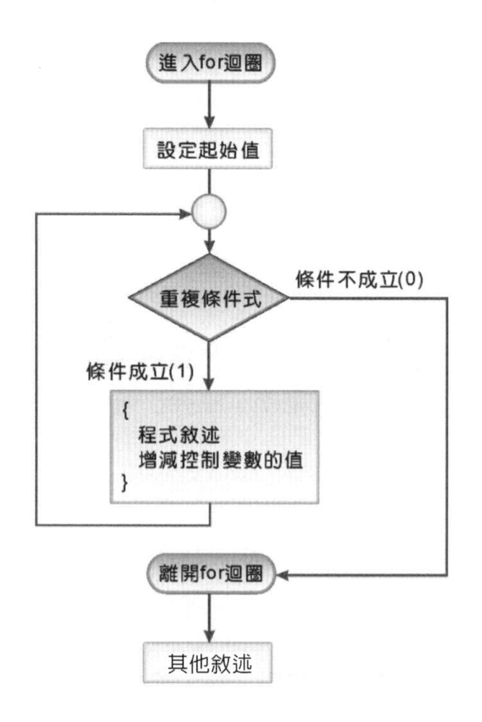

Python的for迴圈可以利用走訪任何序列項目來操作，至於序列項目可以是數字串列、列表（list）或字串（string），按序列順序執行，語法架構如下：

```
for 元素變數 in 序列項目：
    #所要執行的指令
```

Tips 序列資料型別

在Python語言序列資料型別可以將多筆資料集合在一起，序列中的資料稱爲元素（element）或項目（item），透過「索引值」可以取得存於序列中所需的資料元素。例如：串列（list）、元組（tuple）或字串（string）都是一種序列型別的資料類型。有關複合式資料型別在第六章會有詳細的說明。

上述Python語法所代表的意義是for迴圈會將一序列（sequence），例如字串或串列內所有的元素走訪一遍，走訪的順序是依目前序列內元素項目（item）的順序來處理。例如下列的x變數值都可以作爲for迴圈的走訪序列項目：

```
x = "abcdefghijklmnopqrstuvwxyz"
x = ['Sunday', 'Monday', 'Tuesday', 'Wednesday', 'Thursday', 'Friday',
     'Saturday']
x = [1, 2, 3, 4, 5, 6, 7, 8, 9, 10]
```

例如下段程式碼充分示範了如何利用for迴圈走訪字串項目：

```
x = "abcdefghijklmnopqrstuvwxyz"
for i in x:
    print(i,end='')
```

其執行結果如下：

```
abcdefghijklmnopqrstuvwxyz
```

又例如下段程式碼充分示範了如何利用for迴圈走訪串列項目：

```
x = ['Sunday', 'Monday', 'Tuesday', 'Wednesday', 'Thursday', 'Friday',
    'Saturday']
for i in x:
    print(i)
```

其執行結果如下：

```
Sunday
Monday
Tuesday
Wednesday
Thursday
Friday
Saturday
```

又例如下段程式碼充分示範了如何利用for迴圈走訪串列項目：

```
x = [1, 2, 3, 4, 5, 6, 7, 8, 9, 10]
for i in x:
    print(i,end=' ')
```

其執行結果如下：

```
1 2 3 4 5 6 7 8 9 10
```

5-1-1 range()函數

Python也提供range()函數來搭配for迴圈，這個函數主要功能是建立整數序列， range()函數的語法如下：

```
range([起始值], 終止條件[, 間隔值])
```

- 起始值：預設為0，參數值可以省略。
- 終止條件：必要參數不可省略。
- 間隔值：計數器的增減值，預設值為1。

一個參數

range(整數值)會產生的串列是0到「整數值-1」的串列，例如range(4)表示會產生[0,1,2,3]的串列。

二個參數

range (起始值, 終止值) 會產生的串列是「起始值」到「終止值-1」的串列，例如range(2,5)表示會產生[2,3,4]的串列。

三個參數

range (起始值, 終止值, 間隔值) 會產生的串列是「起始值」到「終止值-1」的串列，但每次會遞增間隔值，例如：range(2,5,2)表示會產生[2,4]的串列，這是因為每次遞增2的原因。

例如：

- range(5)代表由索引值0開始，輸出五個元素，即0,1,2,3,4共五個元素。
- range(1,11)代表由索引值1開始，到索引編號11前結束，也就是說索引編號11不包括在內，即1,2,3,4,5,6,7,8,9,10共十個元素。
- range(4,12,2)代表由索引值4開始，到索引編號12前結束，也就是說索引編號12不包括在內，遞增值為2，即4,6,8,10共四個元素。

下段的程式碼示範了在for迴圈中搭配使用range()函數輸出1到10，每個數字間則以一個空格隔開。

```
for x in range(1,11): #數值1~10
    print(x, end=" ")
print()
```

就會得到如下的輸出結果：

```
1 2 3 4 5 6 7 8 9 10
```

下段的程式碼示範了如何利用for迴圈印出指定數量的特殊符號。

```
n=int(input("請輸入要列印錢符號的數量: "))
for x in range(n): #迴圈次數爲n
    print("$",end="")
print()
```

```
請輸入要列印錢符號的數量： 10
$$$$$$$$$$
```

以下程式範例則是利用for迴圈，配合range()函式來計算11～20的數字加總。

【**程式範例：range.py**】以range()函式來計算11～20的數字加總

```
01 sum = 0 #儲存加總結果,初值爲0
02 print('進行加總前的起始值', sum) #輸出加總前的起始值
03 for i in range(11, 21):
```

```
04        sum += i  #將數值累加
05        print('累加值=', sum) #輸出累加結果
06 else:
07        print('數值累加完畢...')
```

【執行結果】

```
進行加總前的起始值 0
累加值= 11
累加值= 23
累加值= 36
累加值= 50
累加值= 65
累加值= 81
累加值= 98
累加值= 116
累加值= 135
累加值= 155
數值累加完畢...
```

【程式碼解說】

- 第1行：設定變數sum的初值爲0，是用來儲存加總結果。
- 第2行：輸出加總前的起始值。
- 第3～5行：for迴圈的執行區塊。其中的range(11,21)表示由11開始，21結束，也就是說，當數值爲21時，就會結束迴圈的執行工作，以本例來說，就只會將數值11～20做累加動作。
- 第7行：如果for迴圈執行結束則會印出「數值累加完畢…」。

接下來的程式也是for迴圈的應用，我們知道符號「！」是代表數學上的階乘值。如4階乘可寫爲4!，是代表1*2*3*4的值，5!=1*2*3*4*5，請計算出10!的值。

【程式範例：**fac.py**】計算出10!的值

```
01 #計算10! 的值
02 product=1
03 for i in range(1,11): #定義for迴圈
04 	product*=i
05 print("product=%d" %product) #印出乘積的結果
```

【執行結果】

```
product=3628800
```

【程式碼解說】

- 第2行：設定了變數的起始值為1。
- 第3～5行：迴圈重複條件為i小於等於10，i的遞增值為1，所以當i大於10時，就會離開for迴圈。

5-1-2 巢狀迴圈

接下來還要為各位介紹一種for的巢狀迴圈（nested loop），也就是多層次的for迴圈結構。在巢狀for迴圈結構中，執行流程必須先等內層迴圈執行完畢，才會逐層繼續執行外層迴圈。例如兩層式的巢狀for迴圈結構格式如下：

```
for外層迴圈：
    [          ]
    for內層迴圈：
        [          ]
```

許多人會利用巢狀迴圈繪製特殊外觀的圖案，例如以下的程式碼就可以繪製三角形圖案：

```
n=int(input("請輸入要產生圖案的魔術數字: "))
for x in range(1,n+1): #迴圈次數爲n
    for j in range(1,x+1):
        print("*",end="")
    print()
```

就會得到如下的輸出結果：

```
請輸入要產生圖案的魔術數字: 8
*
**
***
****
*****
******
*******
********
```

又例如九九乘法表，就可以利用兩個for迴圈輕鬆完成。以下範例就來看看如何利用兩個for迴圈製作九九乘法表。

【**程式範例：99table.py**】九九乘法表

```
01 """
02 程式名稱：九九乘法表
03 """
04 for x in range(1, 10):
05     for y in range(1, 10):
06         print("{0}*{1}={2: ^2}".format(y, x, x * y), end=" ")
07     print()
```

【執行結果】

```
1*1=1   2*1=2   3*1=3   4*1=4   5*1=5   6*1=6   7*1=7   8*1=8   9*1=9
1*2=2   2*2=4   3*2=6   4*2=8   5*2=10  6*2=12  7*2=14  8*2=16  9*2=18
1*3=3   2*3=6   3*3=9   4*3=12  5*3=15  6*3=18  7*3=21  8*3=24  9*3=27
1*4=4   2*4=8   3*4=12  4*4=16  5*4=20  6*4=24  7*4=28  8*4=32  9*4=36
1*5=5   2*5=10  3*5=15  4*5=20  5*5=25  6*5=30  7*5=35  8*5=40  9*5=45
1*6=6   2*6=12  3*6=18  4*6=24  5*6=30  6*6=36  7*6=42  8*6=48  9*6=54
1*7=7   2*7=14  3*7=21  4*7=28  5*7=35  6*7=42  7*7=49  8*7=56  9*7=63
1*8=8   2*8=16  3*8=24  4*8=32  5*8=40  6*8=48  7*8=56  8*8=64  9*8=72
1*9=9   2*9=18  3*9=27  4*9=36  5*9=45  6*9=54  7*9=63  8*9=72  9*9=81
```

5-2 while迴圈指令

如果所要執行的迴圈次數確定，那麼使用for迴圈指令就是最佳選擇。但對於某些不確定次數的迴圈，while迴圈就可以派上用場了。while結構與for結構類似，都是屬於前測試型迴圈。兩者之間最大不同處是在於for迴圈需要給它一個特定的次數；而while迴圈則不需要，它只要在判斷條件持續爲True的情況下就能一直執行。

while迴圈內的指令可以是一個指令或是多個指令形成的程式區塊。在實際的Python語法上while保留字後面到冒號「:」之間的運算式，是用來判斷是否執行迴圈的測試條件，語法格式如下：

```
while 條件運算式:
    要執行的程式指令
```

當程式遇到while迴圈時，它會先判斷條件運算式中的條件，如果條件成立那麼程式就會執行while迴圈下的敘述一次，完成後，while迴圈會再次判斷條件，如果還成立那麼就繼續執行迴圈，當條件不成立時迴圈就中止。例如下面的程式：

```
i=1
while i < 10:  #迴圈條件式
    print( i)
    i += 1  #調整變數增減值
```

當i小於10時會執行while迴圈內的指令，所以i會加1，直到i等於10，條件式爲False，就會跳離迴圈了。接著請看以下例子說明：

```
sum=0
count = 0 #計數器
while count <= 20:
    sum += count #將3的倍數累加
    count += 3
print('1~20之間的3的倍數總和爲 ', sum) #輸出累加結果
```

上面例子中的while迴圈變數sum是被用來儲存累加結果；count被設計成一個計數器，是用來取得指定數值範圍內中所有的3的倍數，因此迴圈每執行一次就將count值加3。

以下程式範例是利用應用while迴圈由外部輸入捐款金額，並同步進行累計的工作，直到捐款金額爲0時會輸出最後所有小額捐款的金額總和。

【程式範例：donate.py】小額捐款的金額總和

```
01 total = 0
02 money = -1
03 count = 0 #計數器
```

```
04
05 # 進入while迴圈
06 while money != 0:
07       money = int(input('輸入捐款金額：')) #以int()轉爲整數
08       total += money
09       print('累計:', total)
10
11 print('最後總捐款金額總計:', total, '元')
```

【執行結果】

```
輸入捐款金額：52
累計: 52
輸入捐款金額：68
累計: 120
輸入捐款金額：58
累計: 178
輸入捐款金額：54
累計: 232
輸入捐款金額：89
累計: 321
輸入捐款金額：81
累計: 402
輸入捐款金額：0
累計: 402
最後總捐款金額總計: 402 元
```

【程式碼解說】

- 第1行：設定total變值的初值爲0，是用來累計捐款金額的總額。
- 第2行：任意設定money變數的值，例如此處設定money=-1，以作爲進入迴圈的初始條件。
- 第6行：進入while迴圈，條件運算式「money != 0」表示輸入0值才會結束迴圈。變數total儲存加總的金額，此變數的預設值爲0。

以下程式範例利用輾轉相除法與while迴圈來設計一Python程式，來求取任意輸入兩數的最大公因數（g.c.d）。

【程式範例：**divide.py**】求取兩正整數的最大公因數

```
01 print("求取兩正整數的最大公因數(g.c.d):")
02 print("輸入兩個正整數:")
03 #輸入兩數
04 Num1=int(input())
05 Num2=int(input())
06 if Num1 < Num2:
07         TmpNum=Num1
08         Num1=Num2
09         Num2=TmpNum#找出兩數較大值
10 while Num2 != 0:
11         TmpNum=Num1 % Num2
12         Num1=Num2
13         Num2=TmpNum #輾轉相除法
14 print("最大公因數(g.c.d)的值爲:%d" %Num1)
```

【執行結果】

```
求取兩正整數的最大公因數(g.c.d):
輸入兩個正整數:
72
60
最大公因數(g.c.d)的值為:12
```

【程式碼解說】

- 第4～5行：輸入兩整數。
- 第6～9行：找出兩數較大值。

- 第10～13行：輾轉相除法。
- 第14行：輸出這個整數的最大公因數。

以下程式範例利用while迴圈，讓使用者輸入一個整數，並將此整數的每一個數字反向輸出，例如輸入12345，程式可輸出54321。

【程式範例：**reverse.py**】將輸入整數的每一個數字反向輸出

```
01 n=int(input("請輸入任一整數:"))
02 print("反向輸出的結果:",end='')
03 while n!=0:  #while迴圈
04         print("%d" %(n%10),end='') #求出餘數值
05         n//=10
```

【執行結果】

```
請輸入任一整數:987654321
反向輸出的結果:123456789
```

【程式碼解說】

- 第1～2行：請輸入任一整數。
- 第3～5行：利用while迴圈，將所輸入整數的每一個數字反向輸出。

5-3 迴圈控制指令

事實上，迴圈並非一成不變的重複執行。可藉由迴圈控制指令，更有效地運用迴圈功能，例如必須中斷，讓迴圈提前結束，這時可以使用break或continue指令。

5-3-1 break指令

break指令的主要用途是用來跳躍出迴圈，break指令就像它的英文意義一般，代表中斷的意思，它是用來跳離最近的for、while的程式迴圈，並將控制權交給所在區塊之外的下一行程式。也就是說，break指令是用來中斷目前迴圈的執行，break指令通常會與if條件指令連用，用來設定在某些條件一旦成立時，即跳離迴圈的執行。由於break指令只能跳離本身所在的這一層迴圈，如果遇到巢狀迴圈包圍時，可就要逐層加上break指令，語法格式如下：

```
break
```

例如：

```
for x in range(1, 10):
    if x == 5:
        break
    print( x, end=" ")
```

【執行結果】

```
1 2 3 4
```

接下來程式範例則是利用break指令來控制九九乘法表的輸出程式，我們只計算1～9數字到第7為止的乘法表項目。

【程式範例：**breaktable.py**】利用break指令來控制九九乘法表的輸出

```
01 # 九九乘法表的雙重迴圈
02 for i in range(1,10):
03     for j in range (1,10):
04         print('{0}*{1}={2:2d}  '.format(i,j,i*j), sep='\t',end='')
05         if j>=7:
06             break #設定跳出的條件
07     print('\n-------------------------------------------------------\n')
```

【執行結果】

```
1*1= 1   1*2= 2   1*3= 3   1*4= 4   1*5= 5   1*6= 6   1*7= 7
-------------------------------------------------------------

2*1= 2   2*2= 4   2*3= 6   2*4= 8   2*5=10   2*6=12   2*7=14
-------------------------------------------------------------

3*1= 3   3*2= 6   3*3= 9   3*4=12   3*5=15   3*6=18   3*7=21
-------------------------------------------------------------

4*1= 4   4*2= 8   4*3=12   4*4=16   4*5=20   4*6=24   4*7=28
-------------------------------------------------------------

5*1= 5   5*2=10   5*3=15   5*4=20   5*5=25   5*6=30   5*7=35
-------------------------------------------------------------

6*1= 6   6*2=12   6*3=18   6*4=24   6*5=30   6*6=36   6*7=42
-------------------------------------------------------------

7*1= 7   7*2=14   7*3=21   7*4=28   7*5=35   7*6=42   7*7=49
-------------------------------------------------------------

8*1= 8   8*2=16   8*3=24   8*4=32   8*5=40   8*6=48   8*7=56
-------------------------------------------------------------

9*1= 9   9*2=18   9*3=27   9*4=36   9*5=45   9*6=54   9*7=63
-------------------------------------------------------------
```

【程式碼解說】

- 第2～7行：兩層巢狀迴圈。
- 第5～6行：設定當j大於或等於數字7時，就跳出內層迴圈，再從外層的for迴圈執行。

5-3-2 continue指令

相較於break指令是跳出迴圈，continue指令則是指繼續下一次迴圈的運作；也就是說，如果想要終止的不是整個迴圈，而是想要在某個特定的條件下時，才終止某次迴圈執行就可使用continue指令。continue指令只會直接略過底下尚未執行的程式碼，並跳至迴圈區塊的開頭繼續下一個迴圈，而不會離開迴圈。語法格式如下：

```
continue
```

讓我們用下面的例子說明：

```
for a in range(0,10,1):
    if a==3:
            continue
    print("a=%d" %a)
```

在這個例子中我們利用for迴圈來累加a的值，當a等於3的這個條件出現，我們利用continue指令來讓「print("a=%d" %a)」的執行被跳過去，並回到迴圈開頭（a==4），繼續進行累加a及顯示出a值的程式，所以在顯示出來的數值中不會有3。請參考如下的執行結果：

```
a=0
a=1
a=2
a=4
a=5
a=6
a=7
a=8
a=9
```

再來看另一個例子，請看下面的程式碼：

```
for x in range(1, 10):
    if x == 5:
        continue
    print( x, end=" ")
```

【執行結果】

```
1 2 3 4 6 7 8 9
```

當x等於5的時候執行continue指令，程式不會繼續往下執行，所以5沒有被print出來，for迴圈仍繼續運作。

以下程式是利用巢狀for迴圈與continue指令來設計如下圖的畫面，各位可以了解當執行到b==6時，continue指令會跳過該次迴圈，重新從下層迴圈來執行，也就是不會輸出6的數字：

```
1
12
123
```

```
1234
1234
12345
12345
123457
1234578
12345789
```

【程式範例：**continue.py**】巢狀for迴圈與continue指令應用範例

```
01 #continue練習
02 for a in range(10): #外層for迴圈控制y軸輸出
03         for b in range(a+1): #內層for迴圈控制x軸輸出
04                 if b==6:
05                         continue
06                 print("%d " %b,end='')#印出b的值
07         print()
```

【執行結果】

```
0
0 1
0 1 2
0 1 2 3
0 1 2 3 4
0 1 2 3 4 5
0 1 2 3 4 5
0 1 2 3 4 5 7
0 1 2 3 4 5 7 8
0 1 2 3 4 5 7 8 9
```

【程式碼解說】

● 第2～7行：是個雙層巢狀迴圈，第4行的if指令，在b的值等於6時就會執行continue指令，而跳過第6行的print輸出程式，回到第2行的for迴圈繼續執行。

5-4 本章綜合範例：密碼驗證程式演算法

撰寫一個Python程式能夠讓使用者輸入密碼，並且利用while迴圈、break與continue指令進行簡單密碼驗證工作，不過輸入次數以三次爲限，超過三次則不准登入，假如目前密碼爲3388。

【**程式範例：password.py**】簡單的密碼驗證程式

```
01 """
02 讓使用者輸入密碼，並且進行密碼驗證，
03 輸入次數以三次爲限，超過三次則不准登入，
04 假如目前密碼爲3388。
05 """
06 password=3388 #利用變數來儲存密碼以供驗證
07 i=1
08
09 while i<=3: #輸入次數以三次爲限
10       new_pw=int(input("請輸入密碼:"))
11       if new_pw != password:  #如果輸入的密碼與預設密碼不同
12             print("密碼發生錯誤!!")
13             i=i+1
14             continue #跳回while開始處
```

```
15        else:
16             print("密碼正確!!")
17             break
18 if i>3:
19        print("密碼錯誤三次，取消登入!!\n"); #密碼錯誤處理
```

【執行結果】

密碼錯誤三次的執行畫面：

```
請輸入密碼:1234
密碼發生錯誤!!
請輸入密碼:5678
密碼發生錯誤!!
請輸入密碼:1258
密碼發生錯誤!!
密碼錯誤三次, 取消登入!!
```

密碼輸入正確的執行畫面：

```
請輸入密碼:3388
密碼正確!!
```

【程式碼解說】

- 第6行：利用變數來儲存密碼以供驗證。
- 第9～17行：利用while迴圈、break與continue指令進行簡單密碼驗證工作，不過輸入次數以三次為限，超過三次則不准登入。
- 第19行：密碼錯誤處理的程式碼，此處會輸出「密碼錯誤三次，取消登入！！」。

本章課後習題

一、選擇題

1. (　) 有關迴圈的敘述下列何者有誤？
   (A) range()函數主要功能是建立整數序列
   (B) for迴圈又稱為計數迴圈
   (C) break指令是用來跳離最近的程式迴圈
   (D) while屬於後測試型迴圈
2. (　) Python的for迴圈可以走訪任何序列項目不包括？
   (A) 數字串列
   (B) 列表
   (C) 字串
   (D) 結構
3. (　) 以下程式當跳離迴圈時，i的值為多少？

```
i=1
while i <105:#迴圈條件式
    i += 2   #調整變數增減值
print(i)
```

   (A) 107
   (B) 105
   (C) 103
   (D) 101
4. (　) 以下程式當跳離迴圈時，sum的值為多少？

```
sum=0
count = 0 #計數器
```

```
while count <= 12:
    sum += count #將3的倍數累加
    count += 3
print( sum) #輸出累加結果
```

(A) 10

(B) 20

(C) 30

(D) 40

5.（　）當某數100依次減去1,2,3...直到哪一數時，相減的結果為負？

(A) 14

(B) 15

(C) 13

(D) 12

二、問答與實作題

1. 不論是for迴圈或是while迴圈，主要是哪兩個基本元素組成？
2. 以下程式的執行結果為何？

```
x = "13579"
for i in x:
    print(i,end='')
```

3. 以下程式的執行結果為何？

```
x = ['Love', 'Happy', 'Money']
for i in x:
    print(i)
```

4. 以下程式的執行結果為何？

```
for x in range(1,5,2):
    print(x, end=" ")
print()
```

5. 以下程式的執行結果為何？

```
product=1
for i in range(1,11,3):
    product*=i
print(product)
```

6. 以下程式的執行結果為何？

```
n=53179
while n!=0:
    print("%d" %(n%10),end='')
    n//=10
```

第六章

複合式資料型別簡介

我們知道一般的變數能幫我們儲存一份資料，然而類似陣列這種有順序編號的結構的延伸資料型態，在Python語言中就稱為序列（sequence），序列型別可以將多筆資料集合在一起，序列中的資料稱為元素（element）或項目（item），透過「索引值」可以取得存於序列中所需的資料元素。

序列可以將多筆資料集合在一起

除了基本資料型態及基礎語法，Python還提供了許多特殊資料型別的相關應用，包括元組（tuple）、串列（list）、字典（dict）、集合（set）等複合式資料型態，這些資料型態的組成元素可以有不同的資料型態，這些序列型資料型態還能互相搭配使用。

6-1 串列（list）

串列（list）是屬於不同資料型態的集合，並以中括號[]表示存放的元素，可以提供資料儲存的記憶空間。資料有順序性，也能改變資料的內容，也就是說串列是一種可以用一個變數名稱來掌握的集合，串列中的每一元素都可以透過索引，即能取得某個元素的值。

6-1-1 串列簡介

串列的組成元素可以包含不同的資料型別，甚至也可以包含其他的子串列。當串列內沒有任何元素時，則稱之爲空串列。例如下列的串列都是合法的串列內容：

```
list1 = []        #沒有任何元素的空串列
score = [98, 85, 76, 64,100]  #只儲存數值的串列
info= ['2018', 176, 80, '台灣省新北市']  #含有不同型別的串列
mixed = ['manager', [58000, 74800], 'labor', [26000, 31000]]
```

又例如以下變數employee也是一種串列的資料型態，共有六個元素，分別表示「部門編號、主管、姓名、薪水、專長、性別」等六項資料。

```
employee = ['sale9001','陳正中', '許富強',54000,'財務','Male']
```

Python的串列中括號裡面也可以結合其他運算式，例如：for敘述、if等指令，這種方式提供另一種串列更快速彈性的建立方式。例如以下的串列元素是for敘述的i。

```
>>>data1=[i for i in range(5,18,2)]
>>> data1
[5, 7, 9, 11, 13, 15, 17]
>>>
```

再來看另外一個例子：

```
>>> data2=[i+5 for i in range(10,45)]
>>> data2
[15, 16, 17, 18, 19, 20, 21, 22, 23, 24, 25, 26, 27, 28, 29, 30, 31, 32, 33,
34, 35, 36, 37, 38, 39, 40, 41, 42, 43, 44, 45, 46, 47, 48, 49]
>>>
```

還有一點要說明，串列的元素也像字串中的字元具有順序性，因此支援切片（slicing）運算，可以透過切片運算子[]擷取串列中指定索引的子串列。我們來看以下的例子：

```
>>> list = [7,5,4,3,8,1,9,6]
>>> list[4:8]
[8, 1, 9, 6]
>>> list[-2:]
[9, 6]
>>>
```

又例如：

```
word = ['H','O','L','I','D','A', 'Y']
print(word [:5])   #取出索引0～4的元素
print(word [1:5])  #取出索引1～4的元素
print(word [3:])   #取出索引3之後的元素
```

其執行結果如下：

```
['H', 'O', 'L', 'I', 'D']
['O', 'L', 'I', 'D']
['I', 'D', 'A', 'Y']
```

另外，串列本身提供一種list()函數，該函數可以將字串換成串列型別，也就是說它會將字串拆解成單一字元，再轉換成串列的元素。我們直接以一個例子來說明：

```
print(list('CHINESE'))
```

其執行結果如下：

```
['C', 'H', 'I', 'N', 'E', 'S', 'E']
```

在Python中，串列中可以有串列，這種就稱爲二維串列，要讀取二維串列的資料可以透過for迴圈。二維串列簡單來講就是串列中的元素是串列，下述簡例說分明：

```
num = [[25, 58, 66], [21, 97, 36]]
```

上述中的num是一個串列。num [0]或稱第一列索引，存放另一個串列；num[1]或稱第二列索引，也是存放另一個串列，以此類推。

	欄索引[0]	欄索引[1]	欄索引[2]
列索引[0]	25	58	66
列索引[1]	21	97	36

如果要存取二維陣列特定的元素，其語法如下：

```
串列名稱[列索引][欄索引]
```

例如：

```
num[0]   #輸出第一列的三個元素
[25, 58, 66]
num[1][1] #輸出第二列的第二欄元素
97
```

6-1-2 刪除串列元素

我們透過de指令除了可以刪除一般變數，該指令也可以刪除串列中指定位置的元素外與指定範圍的子串列。例如：

```
>>> L=[51,82,77,48,35,66,28,46,99]
>>> del L[6]
>>> L
[51, 82, 77, 48, 35, 66, 46, 99]
>>>
```

又例如下面的敘述會刪除L串列索引位1到3（即4的前一個索引值）的元素。

```
>>> L=[51,82,77,48,35,66,28,46,99]
>>> del L[1:4]
>>> L
[51, 35, 66, 28, 46, 99]
>>>
```

如果要檢查某一個元素是否存在或不存在於串列中，則可以使用in與not in運算子，例如：

```
>>> "happy" in ["good","happy","please"]
True
>>> "sad" not in ["good","happy","please"]
True
>>>
```

6-1-3 常用串列函數

由於串列中的元素可以任意的增加或刪減，因此串列的長度可以變動，它是一種可變的序列資料型態。以下整理串列操作的常見相關函數：

● 附加 append()

append()函數會在串列末端加入新的元素，例如：

```
word = ["red", "yellow", "green"]
word.append("blue")
print(word)
```

【執行結果】

```
['red', 'yellow', 'green', 'blue']
```

● 插入 insert ()

insert ()函數可以指定新的元素在任意指定的位置，格式如下：

```
list.insert(索引值, 新元素)
```

索引值是指list的索引位置，索引值爲0表示放置於最前端，舉例來說，要將新元素插入在索引2的位置，可以這樣表示：

```
word = ["red", "yellow", "green"]
word.insert(2,"blue")
print(word)
```

【執行結果】

```
['red', 'yellow', 'blue', 'green']
```

● 移除元素 remove ()

remove()函數可以在括號內直接指定要移除的元素，例如：

```
word = ["red", "yellow", "green"]
word.remove ("red")
print(word)
```

【執行結果】

```
['yellow', 'green']
```

● 移除元素 pop ()

pop ()函數可以在括號內指定索引位置的元素移除，例如：

```
word = ["red", "yellow", "green"]
word.pop(2)
print(word)
```

【執行結果】

```
['red', 'yellow']
```

如果pop()括號內沒有指定索引值，則預設移除最後一個。

```
word = ["red", "yellow", "green"]
word.pop()
```

```
word.pop()
print(word)
```

【執行結果】

```
['red']
```

● 排序 sort ()

sort ()函數可以將串列資料進行排序，例如：

```
word = ["red", "yellow", "green"]
word.sort()
print(word)
```

【執行結果】

```
['green', 'red', 'yellow']
```

● 反轉 reverse ()

reverse ()函數可以將串列資料內容反轉排列，例如：

```
word = ["red", "yellow", "green"]
word.reverse()
print(word)
```

【執行結果】

```
['green', 'yellow', 'red']
```

● len(L)

傳回串列物件L的長度，亦即該串列包含幾個元素。例如：

```
word = ["red", "yellow", "green"]
print( len(word) )  #長度=3
```

以下程式範例要示範由使用者輸入資料後，再依序以append()函數附加到串列中，最後再將串列的內容印出。整個程式的步驟是，首先建立空的串列，接著再配合for迴圈及append()函數就能爲該串列加入元素。

【程式範例：**append.py**】使用append()函數附加資料到串列中

```
01 num=int(input('請輸入總人數: '))
02 student = [] #建立空的list串列
03 print('請輸入{0}個數值：'.format(num))
04
05 # 以for/in迴圈依序讀取要輸入的分數
06 for item in range(1,num+1):
07         score = int(input()) #取得輸入數值
08         student.append(score) #將輸入數值新增到串列
09
10 print('已輸入完畢')
11 #輸出資料
12 print('總共輸入的分數', end = '\n')
```

```
13 for item in student:
14        print('{:3d} '.format(item), end = '')
```

【執行結果】

```
請輸入總人數: 5
請輸入5個數值:
98
96
78
84
79
已輸入完畢
總共輸入的分數
 98  96  78  84  79
```

【程式碼解說】

- 第1行:輸入總人數,並將輸入的字串轉換爲整數。
- 第2行:建立空串列,中括號[]無任何元素。
- 第5～8行:for迴圈依序將所輸入的數值轉換爲整數,再通過append()函數新增到串列。
- 7～8行:如果有輸入資料,將資料以int()函式轉爲數值。
- 第13～14行:將儲存於student的串列元素輸出。

6-2 元組(tuple)

元組也是一種有序物件,一旦建立之後,元組中的元素不能任意更改其個數與內容值,所以我們也稱元組是不能更改的序列,這一點和串列內容可以變動有所不同。簡單來說,當元組建立之後,絕對不能變動每個索引所指向的元素。

6-2-1 元組簡介

前面提到串列是以中括號[]來存放元素，但是元組卻是以小括號()來存放元素，元組可以存放不同資料型態的元素，因爲元組內的元素有相對應的索引編號，因此可以使用for迴圈或while迴圈來讀取元組內的元素，如下語法：

```
元組名稱=( 元素1,元素2,…..)
```

Python語法也相當具有彈性，在建立元組資料型態時也可以不需要指定名稱，甚至允許將括號直接省略，以下爲三種建立元組的方式：

```
('733254', 'Andy', 178) #建立時沒有名稱
tupledata = ('733249', 'Michael', 185)  #給予名稱的tuple物件
data = '733249', 'Michael', 185  #無小括號，也是tuple物件
```

如果tuple物件裡只有一個元素，仍必須在元素之後加上逗號，例如：

```
obj = ("Microwave",)
```

元組中可以存放不同資料型態的元素，而且每個元素的索引編號左邊是由[0]開始，右邊則是由[-1]開始。因爲元組內的元素有對應的索引編號，因此可以使用for迴圈或while迴圈來讀取元素。

例如以下敘述以for迴圈將元組中的元素輸出，其中len()函數可以求

取元組的長度：

【程式範例：**tuple_create.py**】新建tuple

```
01 tup = (28, 39, 58, 67,97, 54)
02 print('目前元組內的所有元素：')
03 for item in range(len(tup)):
04     print ('tup[%2d] %3d' %(item, tup[item]))
```

【執行結果】

```
目前元組內的所有元素：
tup[ 0]   28
tup[ 1]   39
tup[ 2]   58
tup[ 3]   67
tup[ 4]   97
tup[ 5]   54
```

雖然儲存在元組的元素不可以用[]運算子來改變元素的值，不過元組內元素仍然可以利用「+」運算子將兩個元組資料內容串接成一個新的元組，而「*」運算子可以複製元組的元素成多個。接著將示範如何將兩個元組串接成一個新的元組：

```
>>> (1,5,8)+(9,4,2)
(1, 5, 8, 9, 4, 2)
>>> (3,5,6)*3
(3, 5, 6, 3, 5, 6, 3, 5, 6)
>>>
```

此外，當然切片運算也可以應用於元組來取出若干元素。若是取得指定範圍的若干元素，使用正值就得正向取出元素（由左而右），但使用負值就採用負向（由右而左）取出元素。以下例子是說明各種元組切片運算的語法：

```
>>> (1,5,8)+(9,4,2)
(1, 5, 8, 9, 4, 2)
>>> (3,5,6)*3
(3, 5, 6, 3, 5, 6, 3, 5, 6)
>>> tup =(90,43,65,72,67,55)
>>> tup[3]
72
>>> tup[-3]
72
>>> tup[1:4]
(43, 65, 72)
>>> tup[-6:-2]
(90, 43, 65, 72)
>>> tup[-1:-3] #無法正確取得元素
()
>>>
```

6-2-2 常用元組函數

簡單來說，當元組建立之後，絕對不能變動每個索引所指向的元素。一般而言，串列大部分的函數在元組中都可以使用，但是那些會改變元素個數或元素值的函數，都不可以使用，例如append()、insert()等函數。但是像count()用來統計特定元素出現的次數或是index()用來取得某項目第一次出現的索引值等函數，就可以應用在元組資料型態。以下介紹常用的元組函數：

- **sum()：函數sum()來計算總分**

```
bonus= (900,580,850,480,800,1000,540,650,200,100)
#建立tuple來存放紅利積點
print('所有紅利積點', sum(bonus), ', 平均紅利點數 = ', sum(bonus)/10)
```

【執行結果】

```
所有紅利積點 6100 , 平均紅利點數 =  610.0
```

- **max(T)：傳回串列物件T中最大的元素**

例如：

```
>>> max((89,32,58,76))
89
```

- **min(T)：傳回串列物件T中最小的元素**

例如：

```
>>> min((89,32,58,76))
32
```

以下程式範例將實作如何利用sorted()函數來對元組內的元素進行排序。

【**程式範例：tuple_sorted.py**】利用sorted()函數來對元組內的元素進行排序

```
01 salary = (86000, 72000, 83000, 47000, 55000)
02 print('原有資料：')
03 print(salary)
04 print('--------------------------------')
05
06 # 由小而大
07 print('薪資由小而大排序：',sorted(salary))
08 print('--------------------------------')
09
10 # 遞減排序
11 print('薪資由大而小排序：', sorted(salary, reverse = True))
12 print('--------------------------------')
13
14 print('資料經排序後仍保留原資料位置：')
15 print(salary)
16 print('--------------------------------')
```

【**執行結果**】

```
原有資料：
(86000, 72000, 83000, 47000, 55000)
--------------------------------
薪資由小而大排序： [47000, 55000, 72000, 83000, 86000]
--------------------------------
薪資由大而小排序： [86000, 83000, 72000, 55000, 47000]
--------------------------------
資料經排序後仍保留原資料位置：
(86000, 72000, 83000, 47000, 55000)
--------------------------------
```

【程式碼解說】

- 第7行：使用sorted()函式做遞增排序（由小而大），排序後的tuple物件會以list物件回傳。
- 第11行：sorted()函式，參數「reverse = True」會以遞減排序（由大而小）。
- 第3、15行：tuple物件，排序前與排序後的位置並未改變。

6-3 字典（dict）

字典（dict）是英文dictionary的縮寫，字典的元素是放置於大括號{}內，是一種「鍵（key）」與「值（value）」對應的資料型態，跟前面談過的串列（list）、元組（tuple）序列型別，有一個很大的不同點，就是字典中的「鍵」（key）是不具順序性，由於「鍵」沒有順序性，所以適用於序列型別的「切片」運算，在字典中就無法使用。

6-3-1 字典簡介

字典（dict）的資料放置於大括號{}內，每一筆資料是一對key:value，格式如下：

```
字典名稱={key1:value1, key2:value2, key3:value3 …}
```

例如：

```
dic = {'length':4, 'width':8, 'height':12}
```

在上述字典宣告中，'length'、'width'、 'height'是字典中字串資料型態的「鍵」，而「值」是一種數值。

又例如：

```
dic={'name':'Python程式設計', 'author': '許志峰', 'publisher':'先進出版社'}
print(dic['name'])
print(dic['author'])
print(dic['publisher'])
```

上面敘述共有三筆資料，我們只要利用每一筆資料的key就可以讀出代表的值，其執行結果如下：

```
Python程式設計
許志峰
先進出版社
```

要修改字典的元素值必須針對「鍵」設定新值，才能取代原先的舊值。例如：

```
dic={'name':'Python程式設計', 'author': '許志峰', 'publisher':'先進出版社'}
dic['name']= '網路行銷' #將字典中的「'name'」鍵的值修改爲'網路行銷'
print(dic)
```

會輸出如下結果：

```
{'name': '網路行銷', 'author': '許志峰', 'publisher': '先進出版社'}
```

如果要新增字典的鍵值對，只要加入新的鍵值即可。語法如下：

```
dic={'name': '網路行銷', 'author': '許志峰', 'publisher':'先進出版社'}
dic['price']= 580 #在字典中新增「'price'」，該鍵所設定的值爲580
print(dic)
```

會輸出如下結果：

```
{'name': '網路行銷', 'author': '許志峰', 'publisher': '先進出版社', 'price': 580}
```

另外，字典中的「鍵」必須唯一，而「值」可以是相同值。字典中如果有相同的「鍵」卻被設定成不同的「值」，則只有最後面的「鍵」所對應的「值」有效，前面的「鍵」將被覆蓋。例如在以下的範例中，字典中的'nation'鍵被設定成兩個不同的值，前面那一個是設定爲'美國'，後面那一個是設定爲'日本'，所以前面會被後面那一個設定值'日本'所覆蓋。請參考以下的程式碼說明：

```
dic={'name':'Peter Anderson', 'age':18, 'nation':'美國','nation':'日本'}
#設定字典
print(dic['nation']) #會印出日本
```

如果要刪除字典中的特定元素，語法如下：

```
del 字典名稱[鍵]
```

例如：

```
del dic['age']
```

當字典不再使用時，如果想刪除整個字典，可以使用del指令，其語法如下：

```
del字典名稱
```

例如：

```
del dic
```

例如以下為各種刪除字典的方式：

```
english ={'春':'Spring', '夏':'Summer', '秋':'Fall', '冬':'Winter'} #字典內容
del english['秋']  #刪除字典指定鍵值的元素
print(english)
del english #刪除整個字典
```

【執行結果】

```
{'春': 'Spring', '夏': 'Summer', '冬': 'Winter'}
```

6-3-2 常用的字典函數

字典是可變的資料型態，以下整理字典操作的常見相關函數：

- **清除 clear()**

clear()方法會清空整個字典，這個方法和前面提到的del指令的不同點是它會清空字典中所有的元素，但是字典仍然存在，只不過變成空的字

典。del指令則會將整個字刪除，只要一經刪除的字典，該字典就不存在了。以下例子將示範如何使用clear()方法：

```
dic={'name': '網路行銷', 'author': '許志峰', 'publisher':'先進出版社'}
dic.clear()
print(dic)
```

【執行結果】

```
{}
```

- **複製dict物件 copy()**

使用copy()方法可以複製整個字典，以期達到資料備份的功效，所複製後的新字典會和原先的字典在記憶體中占有不同的位址，兩者內容不會互相影響。例如：

```
dic1={"title":"行動行銷", "year":2018, "author":"陳來貴"}
dic2=dic1.copy()
print(dic2)#新複製的字典和dic1內容一致
dic2["title"]="網路概論"#修改新字典dic2的內容
print(dic2)#新字典內容已和原字典dic1內容不一致
print(dic1)#原字典內容不會受到新字典dic2內容更改內容
```

【執行結果】

```
{'title': '行動行銷', 'year': 2018, 'author': '陳來貴'}
{'title': '網路概論', 'year': 2018, 'author': '陳來貴'}
{'title': '行動行銷', 'year': 2018, 'author': '陳來貴'}
```

● 搜尋元素值 get()

get()方法會以鍵（key）搜尋對應的值（value），如果該鍵不存在則會回傳預設值，如果沒有預設值就傳回None，格式如下：

```
v1=dict.get(key[, default=None] )
```

例如：

```
dic1={"title":"行動行銷", "year":2018, "author":"陳來貴"}
owner=dic1.get("author")
print(owner) #輸出陳來貴
```

如果指定的key不存在，會傳回default值也就是None，各位也可以改變default值，那麼當key不存在，就會顯示出來，例如：

```
dic1={"title":"行動行銷", "year":2018, "author":"陳來貴"}
owner=dic1.get("color")
print(owner) #印出None
owner=dic1.get("color","白色封面")
print(owner) #印出白色封面
```

● 移除元素 pop()

pop()方法可以移除指定的元素，例如：

```
dic1={"title":"行動行銷", "year":2018, "author":"陳來貴"}
dic1.pop("title")
print(dic1) #印出 {'year': 2018, 'author': '陳來貴'}
```

【執行結果】

```
{'year': 2018, 'author': '陳來貴'}
```


6-4 集合（set）

集合（set）與字典（dict）一樣都是把元素放在大括號{}內，不過set只有鍵（key）沒有值（value），類似數學裡的集合，可以進行聯集（|）、交集（&）、差集（-）與互斥或（^）等運算。另外，集合裡的元素沒有順序之分而且相同元素不可重複出現。所以它不會記錄元素的位置，當然也不支援索引或切片運算。集合內的元素是不可變的，常見可以作爲集合元素有整數、浮點數、字串、元組，而串列、字典、集合這類具有可變性質的資料型態則不能成爲集合的元素。雖然說集合內的元素必須是不可變的，但是集合本身的內容可以增加或刪除元素，因此集合本身是可變的。

6-4-1 集合簡介

set集合可以使用大括號{}或set()方法建立，使用大括號{}建立的方式如下：

```
集合名稱={元素1,元素2,..}
```

例如：

```
animal = {"tiger", "sheep", "elephant"}
print(animal)
print(type(animal))
```

【執行結果】

```
{'sheep', 'tiger', 'elephant'}
<class 'set'>
```

請注意！建立set資料型態時，大括號內要有元素，否則Python會把它視爲字典而不是集合。也就是說，如果x={}，表示x是一種字典型態而不是集合的型態。例如：

```
animal = {}
print(animal)
print(type(animal))
```

【執行結果】

```
{}
<class 'dict'>
```

另外，設定集合的元素必須是唯一的，如果在集合設定重複的元素時，這些相同的元素只會保留一個。各位可以從下面的小例子的執行結果就可以看出。

```
animal = {"tiger", "sheep", "elephant"
          "lion", "sheep", "bird"
          "cat", "snake", "tiger"}
print(animal)
```

【執行結果】

```
{'sheep', 'birdcat', 'tiger', 'elephantlion', 'snake'}
```

除了用上述大括號建立集合外，也可以使用set()函數定義集合，set()函數所傳入的參數內容可以是串列、字串、元組。例如使用set()函數建立空集合，範例如下：

```
set1=set()
print(set1)
```

還有一項重點，如果我們收集資料的方式是用串列來保存，但不確定其中是否有重複的元素，舉例來說，如果收錄了一堆考古題的單字，並以串列來保存這些收集的單字，爲了避免所收集的單字重複出現，此時就可以利用set的元素的唯一性來去除重複收集的單字。

以下程式範例能將所收集到的串列資料中的重複元素刪除，並以另外的串列來保存這些不重複的單字。

【程式範例：**word.py**】去除重複收集的單字

```
01 original= ["abase", "abate", "abdicate","abhor", "abate",
   "acrid","appoint", "abate", "kindle"]
02 print("單字收集的原始內容: ")
```

```
03 print(original)
04 set1=set(original)
05 not_duplicatd=list(set1)
06 print("刪除重複單字的最佳內容: ")
07 print(not_duplicatd)
08 print("按照字母的排列順序: ")
09 not_duplicatd.sort()
10 print(not_duplicatd)
```


【執行結果】

```
單字收集的原始內容:
['abase', 'abate', 'abdicate', 'abhor', 'abate', 'acrid', 'appoint', 'abate', 'kindle']
刪除重複單字的最佳內容:
['abdicate', 'abhor', 'abase', 'abate', 'acrid', 'appoint', 'kindle']
按照字母的排列順序:
['abase', 'abate', 'abdicate', 'abhor', 'acrid', 'appoint', 'kindle']
```

【程式碼解說】

- 第3行：印出原始串列內容。
- 第4行：將串列轉換成集合，此指令會將集合內重複的元素刪除。
- 第5行：將沒有重複元素的集合轉換成串列。
- 第7行：印出刪除重複單字的串列內容。
- 第9～10行：印出按照字母的排列順序的串列內容。

6-4-2 集合的運算

兩個集合可以做聯集（|）、交集（&）、差集（-）與互斥或（^）等運算，如下表所示：

集合運算	範例	說明
聯集（|）	A|B	存在集合A或存在集合B
交集（&）	A&B	存在集合A也存在集合B
差集（-）	A-B	存在集合A但不存在集合B
互斥或（^）	A^B	排除相同元素

底下範例說明集合的運算操作方式：

```
friendA= {"Andy", "Axel", "Michael","May"}
friendB = {"Peter", "Axel", "Andy","Julia"}
print(friendA & friendB)
print(friendA | friendB)
print(friendA - friendB)
print(friendA ^ friendB)
```

【執行結果】

```
{'Axel', 'Andy'}
{'May', 'Julia', 'Axel', 'Michael', 'Peter', 'Andy'}
{'Michael', 'May'}
{'Julia', 'May', 'Michael', 'Peter'}
```

事實上，集合內的元素除了可以由相同資料型態組成，也可以由不同資料型態組成，但要把握一項原則就是集合的元素是不可變的，因此像元組（tuple）可以作爲集合的元素，但是串列（list）就不可以當作集合的元素，因爲串列是一種可變的元素。

請各位分別比較底下兩個例子，就可以清楚看出如果在集合中加入串列（list）將會發生錯誤：

```
set1={5,6,7,3,9}
print(set1)
set2={8,5,"happy","1235",(3,2,5),('a','b')}
print(set2)
```

```
{3, 5, 6, 7, 9}
{'happy', (3, 2, 5), 5, 8, '1235', ('a', 'b')}
```

```
set3={8,5,"happy","1235",[3,2,5],('a','b')}
print(set3)
```

```
Traceback (most recent call last):
  File "D:\進行中書籍\      _Python高中版\範例檔\test.py", line 1, in <module>
    set3={8,5,"happy","1235",[3,2,5],('a','b')}
TypeError: unhashable type: 'list'
```

如上圖所示，如果在集合中加入串列就會出現TypeError的錯誤。

6-4-3 常用的集合函數

以下將介紹集合函數的使用方式：

- **新增與刪除元素 add() / remove()**

add方法一次只能新增一個元素，如果要新增多個元素，可以使用update()方法，底下是add與remove方法的使用方式：

```
friend= {"Andy", "Axel", "Michael","May"}
friend.add("Patrick")
print(friend)
```

【執行結果】

```
{'Patrick', 'Andy', 'Michael', 'May', 'Axel'}
```

```
friend= {"Andy", "Axel", "Michael","May"}
friend.remove("Andy")
print(friend)
```

【執行結果】

```
{'May', 'Axel', 'Michael'}
```

- 更新或合併元素 update()

update()方法可以將兩個set集合合併，格式如下：

```
set1.update(set2)
```

set1會與set2合併，由於set集合不允許重複的元素，如果有重複的元素會被忽略，例如：

```
friend = {"Andy", "May", "Axel"}
friend.update({"Andy", "May","John","Michael"})
print(friend)
```

【執行結果】

```
{'Andy', 'Michael', 'May', 'Axel', 'John'}
```

建立集合後，可以使用in敘述來測試元素是否在集合中，例如：

```
friend = {"Andy", "May", "Axel"}
print("Mike" in friend)  #輸出False
```

"Mike"並不在animal集合內，所以就會傳回False。

以下程式範例能將全班同學中同時通過中高級檢定及中級檢定的同學名單列出，也會列出沒有通過這兩種英檢的同學名單。

【**程式範例：english.py**】去除重複收集的單字

```
01 #小班制的同學清單
02 classmate={'陳大慶','許大爲','朱時中','莊秀文','吳彩鳳',
03                '黃小惠','曾明宗','馬友友','韓正文','胡天明'}
04 test1={'陳大慶','許大爲','朱時中','馬友友','胡天明'} #中高級名單
05 test2={'許大爲','朱時中','吳彩鳳','黃小惠','馬友友','韓正文'} #中級名單
06 goodguy=test1 | test2
07 print("全班有 %d 人通過兩種檢定其中一種" %len(goodguy), goodguy)
08 bestguy=test1 & test2
09 print("全班有 %d 人兩種檢定全部通過" %len(bestguy), bestguy)
10 poorguy=classmate -goodguy
11 print("全班有 %d 人沒有通過任何檢定" %len(poorguy), poorguy)
```

【執行結果】

```
全班有 8 人通過兩種檢定其中一種 {'陳大慶', '韓正文', '吳彩鳳', '黃小惠', '許大為', '馬友友', '胡天明', '朱時中'}
全班有 3 人兩種檢定全部通過 {'馬友友', '許大為', '朱時中'}
全班有 2 人沒有通過任何檢定 {'莊秀文', '曾明宗'}
```

【程式碼解說】

- 第2～3行：全班名單，以串列方式保存。
- 第4行：通過中高級檢定名單，以串列方式保存。
- 第5行：通過中級檢定名單，以串列方式保存。
- 第6～7行：印出通過兩種檢定其中一種的人數與名單。
- 第8～9行：印出兩種檢定全部通過的人數與名單。
- 第10～11行：印出沒有通過任何一種檢定的人數與名單。

本章課後習題

一、選擇題

1. (　) 請問 [i for i in range(5,18,3)] 所產生的串列內容為何？

   (A) [5, 9, 13, 17,18]

   (B) [5, 9, 13, 17]

   (C) [5, 7, 9, 11, 13, 15, 17]

   (D) [5, 8, 11, 14, 17]

2. (　) 下列哪一個是不合法的串列？

   (A) []

   (B) [98, 85, 76, 64,100]

   (C) ('2018', 176, 80, '台灣省新北市')

   (D) ['manager', [58000, 74800], 'labor', [26000, 31000]]

3. (　) num = [[25, 58, 66], [21, 77, 36]]，請問num[1][1]值為何？

   (A) 36

   (B) 77

   (C) 66

   (D) 58

4.（　）如果word = ["red", "yellow", "green"]，請問執行word.sort()的執行結果爲何？

(A) ['red', 'yellow'", 'green']

(B) ['red', 'green', 'yellow']

(C) ['green', 'red', 'yellow']

(D) ['green', 'yellow', 'red']

5.（　）如果word = ["red", "yellow", "green", "white"]，請問執行print(len(word))的執行結果爲何？

(A) 4

(B) 3

(C) 5

(D) 2

二、問答與實作題

1. 請問 [i+5 for i in range(10,15)] 的串列結果？

2. list = [1,3,5,7,9,7,5,3,1]，請分別寫出以下敘述的切片運算結果。

   (1) list[4:8]

   (2) list[-2:]

3. 請寫出以下程式的執行結果。

```
num=[[[1,8,77],[6,1,4],[5,3,4]],[[2,8,0],[2,5,3],[7,1,3]]]
print(num[0][0])
print(num[0][0][0])
```

4. 請寫出以下程式的執行結果。

```
L=[51,82,77,48,35]
```

```
del L[2]
del L[3]
print(L)
```

5. 請寫出以下程式的執行結果。

```
word = ["1", "3", "5","7"]
word.pop()
word.pop()
print(word)
```

6. 請寫出以下程式的執行結果。

```
>>> (1,2,6)*3
```

7. 請寫出以下程式的執行結果。

```
dic={'name':'Python程式設計', 'author': '許志峰'}
dic['name']= 'Python程式設計第二版'
print(dic)
```

8. 請寫出以下程式的執行結果。

```
friendA= {"Andy", "Axel", "Michael","Julia"}
friendB = {"Peter", "Axel", "Andy","Tom"}
print(friendA & friendB)
```

 第七章 

函數

大型程式設計與開發是相當耗時且複雜的工作，當需求及功能愈來愈多，程式碼就會愈來愈龐大。這時多人分工合作來完成軟體開發是勢在必行的。在中大型程式的開發中，爲了程式碼的可讀性及利於程式專案的規劃，通常會將程式切割成一個個功能明確的函數，而這就是一種模組化概念的充分表現。

函數本身就代表一種分工合作的概念

所謂函數，簡單來說，就是一段程式敘述的集合，並且給予一個名稱來代表此程式碼集合。Python中提供了相當方便實用的函數功能，在中大型程式的開發中，爲了程式碼的可讀性及利於程式專案的規劃，通常會將程式切割成一個個功能明確的函數，而這就是一種模組化概念的充分表現。

7-1 函數簡介

不同功能的函數就像是不同用途的工具

Python依照程式的設計需求大概區分成三種類型函數：內建函數、標準函數庫及自訂函數。所謂內建函數是指Python本身所提供的函數，像len()函數、int()函數，或是在for迴圈所提到的range()函數等。所謂標準函數庫（standard library）或第三方開發的模組庫函數，就提供了許多相當實用的函數，但是要使用這類函數之前，必須事先將該函數模組套件匯入，這裡所謂的模組就是指特定功能函數的組合，例如程式中會使用到亂數時，就必須先行匯入random套件，再去使用random套件所提供的函數，這部分我們在第八章中會特別說明。

至於程式設計人員利用def關鍵字自行定義的自訂函數，這種函數則是依照個人的需求自行設計的函數，這也是本章即將說明的重點所在，包括函數宣告、引數的使用、函數的主體與傳回值。以下來看看定義函數與如何呼叫函數。

7-1-1 自訂函數

自訂函數（user-defined）是由使用者自行訂定的函數，必須要先完成定義函數，然後才能呼叫函數。定義函數是函數架構中最重要的部分，它定義一個函數的內部流程運作，包括接收什麼參數，進行什麼處理，在處理完成後又回傳什麼資料等等。Python定義函數是使用關鍵字「def」，接著空一格接函數名稱串接一對小括號，小括號可以填入傳入函數的參數，小括號之後再加上「:」，格式如下所示：

```
def 函數名稱(參數1, 參數2, …):
    程式指令區塊
    return 回傳值  #有回傳值時才需要
```

函數名稱命名必須遵守Python識別字名稱的規範。另外，在自訂函數中的參數可有可無，也可以包含多個參數。冒號「:」之後則是函數主體，函數的程式碼內容可以是單行或多行指令，並將代表函數功能程式碼內容統一進行縮排（一次縮排半形空格4格）。至於return指令可以回傳值給呼叫函數的主程式，回傳值也可以有多個，如果函數沒有傳回任何數值，則可以省略return指令。

定義完函數後，並不會主動執行，只有當呼叫函數時才能開始執行，至於如何呼叫自訂函數呢？只要使用括號「()」運算子就可以了，語法格式所示。

```
函數名稱(引數1, 引數2, …)
```

我們下面將定義一個名為blessings()的簡單函數，該函數會輸出一句預設的吉祥話。程式碼如下：(blessings.py)範例檔

```
def blessings():
    print('一元復始，萬象更新')
blessings()
```

【執行結果】

```
一元復始，萬象更新
```

接著請將上述函數的括號內增加一個參數，這種做法就可以動態指定函數要列印何種字串，以下是在函數中增加一個參數的方式：(blessings_para.py)範例檔

```
def blessings(str1):
    print(str1)

blessings('一元復始，萬象更新')
blessings('恭賀新喜，財源滾滾')
```

【執行結果】

```
一元復始，萬象更新
恭賀新喜，財源滾滾
```

接下來要介紹的自訂函數則是具有回傳值的功能，例如以下函數會回傳所傳入參數相乘後的值，請參考以下的程式範例碼：(func.py)範例檔

```
def func(a,b):
    x = a * b
    return x

print(func(4,3))
```

【執行結果】

```
傳入函數的2個數值的相乘結果:   12
```

各位可以修正上述程式碼，直接將輸出的指令寫在函數內，並取消原先的回傳指令，這種情況下，該函數則會返回None，請參考以下的程式範例碼：

```
def func(a,b):
    x = a * b
    print(x)

print(func(4,3))
```

【執行結果】

```
12
None
```

各位在自訂函數時，也可以採用預設引數的方式進行定義，當在呼叫函數時，如果實際引數未傳遞時，則會以「預設參數 = 值」做接收。請參考以下的程式範例碼：(func_default.py)範例檔

```
def func(a,b,c=10):
    x = a - b + c
    return x

print(func(3,1,3)) # a=3 b=1 c=3
print(func(5,2))  # a=5 b=2 c=10
```

【執行結果】

```
5
13
```

上面func函數裡的參數c預設值為10，因此呼叫函數時可以只帶入二個引數。

另外一項特點就是Python的函數也可以一次回傳多個值，只要將所有回傳的多個值之間以逗號（,）分隔回傳值。請參考以下的程式範例碼：(return01.py)範例檔

```
def func(a,b):
    p1 = a * b
    p2 = a - b
    return p1, p2


num1 ,num2 = func(5, 4)
print(num1)
print(num2)
```

【執行結果】

```
20
1
```

如果各位事先不知道呼叫函數時要傳入的多少個引數，這種情況下可以在定義函數時在參數前面加上一個星號（*），表示該參數可以接受不定個數的引數，而所傳入的引數會視為一組元組（tuple）；但是在定

義函數時在參數前面加上二個星號（**），傳入的引數會視爲一組字典（dict）。下列程式將示範在呼叫函數的過程中傳入不定個數的引數：

【程式範例：**para.py**】呼叫函數：傳入不定個數的引數

```
01 def factorial(*arg):
02     product=1
03     for n in arg:
04         product *= n
05     return product
06
07 ans1=factorial(5)
08 print(ans1)
09 ans2=factorial(5,4)
10 print('5*4=',ans2)
11 ans3=factorial(5,4,3)
12 print('5*4*3=',ans3)
13 ans4=factorial(5,4,3,2)
14 print('5*4*3*2=',ans4)
15
16
17 def myfruit(**arg):
18     return arg
19
20 print(myfruit(d1='apple', d2='mango', d3='grape'))
```

【執行結果】

```
5
5*4= 20
5*4*3= 60
5*4*3*2= 120
{'d1': 'apple', 'd2': 'mango', 'd3': 'grape'}
```

【程式碼解說】

- 第1～5行：如果事先不知道要傳入的引數個數，可以在定義函數時在參數前面加上一個星號（*），表示該參數接受不定個數的引數，傳入的引數會視爲一組元組（tuple）。
- 第17～18行：參數前面加上二個星號（**），傳入的引數會視爲一組字典（dict）。

以下程式範例將建立業務獎金計算函數，讓使用者輸入產品單價及銷售數量，業務獎金計算需乘上35%計算出應得獎金。

【**程式範例：bonus.py**】建立業務獎金計算函數

```
01 def payment():
02         price = float(input("產品單價："))
03         num = float(input("銷售數量："))
04         rate = 0.35  #抽取獎金的百分比
05         total = price*num * rate
06         return price*num, total
07
08 e1 ,e2 = payment()
09 print("總銷售業績{},應付獎金：{}".format(e1, e2))
```

【執行結果】

```
產品單價：500
銷售數量：10
總銷售業績5000.0,應付獎金：1750.0
```

【程式碼解說】

- 第1～6行：定義自訂函數payment()，該函數有兩個回傳值爲總銷售業績及應付獎金。
- 第8行：變數e1 ,e2分別用來接收payment()的兩個回傳值。

7-1-2 參數傳遞

之前我們曾經提到，變數是儲存在系統記憶體的位址上，而位址上的數值和位址本身是獨立與分開運作，所以更改變數的數值，不會影響它儲存的位址。而函數中的參數傳遞，是將主程式中呼叫函數的引數值，傳遞給函數部分的參數，然後在函數中處理該函數所定義的程式敘述。

大部分程式語言有以下兩種參數傳遞方式：

- **傳值呼叫**：表示在呼叫函數時，會將引數值一一地複製給函數的參數，在函數中對參數值的修改，都不會影響到原來的引數值。
- **傳址呼叫**：在呼叫函數時所傳遞給函數的參數值是引數的記憶體位址，因此函數內參數值的變動連帶著也會影響到原來的引數值。

Python的引數傳遞是利用不可變和可變物件來運作。也就是當所傳遞的引數是一種不可變物件（immutable object）（如數值、字串）時，Python程式語言就會視爲一種「傳值」呼叫；但是當所傳遞的引數是一種可變物件（mutable object）（如串列），Python程式語言就會視爲一種「傳址」呼叫。這種情況下，在函數內如果可變物件被修改內容值，因爲占用同一位址，會連動影響函數外部的值。

以下範例說明在函數內部變動字串的內容值不會影響函數外部的值，不過在函數內部修改串列的內容值，則會連動改變函數外部的值。

【程式範例：**arg.py**】Python的引數傳遞

```
01  def fun1(obj, price):
02      obj = 'Microwave'
03      print('函數內部修改字串及串列資料')
04      print('物品名稱:', obj)
05      #新增價格
06      price.append(12000)
07      print('物品售價:', price)
08
09  obj1 = 'TV'  #未呼叫函數前的字串
10  price1 = [24000, 18000, 35600] #未呼叫函數前的串列
11  print('函數呼叫前預設的字串及串列')
12  print('物品名稱:', obj1)
13  print('物品售價:', price1)
14  fun1(obj1, price1)
15
16  print('函數內部被修改過字串及串列:')
17  print('物品名稱:', obj1) #字串內容沒變
18  print('物品名稱:', price1) #串列內容已改變
```

【執行結果】

```
函數呼叫前預設的字串及串列
物品名稱: TV
物品售價: [24000, 18000, 35600]
函數內部修改字串及串列資料
物品名稱: Microwave
物品售價: [24000, 18000, 35600, 12000]
函數內部被修改過字串及串列:
物品名稱: TV
物品售價: [24000, 18000, 35600, 12000]
```

7-1-3 位置引數與關鍵字引數

前面談過在呼叫函數時只要使用「()」括號運算子傳入引數即可，但是引數傳入的方式有分「位置引數」與「關鍵字引數」兩種方式，之前示範的函數呼叫方式都是採用位置引數，主要特點是傳入的引數個數與先後順序，必須與所定義函數的參數個數與前後順序互相一致。例如函數有三個參數，呼叫函數時必須一對一的引數與之配對。

如果你想所傳入的引數不一定要按照函數所定義的參數順序，這種情況下就可以採用關鍵字引數，它能讓使用者指定關鍵字的值的方式來傳入引數，在此我們以一個實例來加以說明，例如：(keyword.py)範例檔

```
def func(x,y,z):
    formula = x*x+y*y+z*z
    return formula


print(func(z=5,y=2,x=7))
print(func(7, 2, 5))
print(func(x=7, y=2 , z=5))
print(func(7, y=2 , z=5))
```

【執行結果】

```
78
78
78
78
```

從執行結果來看，各位可以看出這四種不同的關鍵字引數或混合位置引數與關鍵字引數的呼叫方式其執行結果值都一致。請各位要特別注意：

位置引數與關鍵字引數混用必須確保位置引數必須在關鍵字引數之前，而且每個參數只能對應一個引數，例如下式就是種錯誤的參數設定方式：

```
func(7, x=8 , z=5)
```

上式第一個位置引數是傳入給參數x，第二個引數又指定參數x，這種重複指定相同參數的值時，就會發生錯誤，所以使用上要特別留意。

7-1-4 lambda函數

lambda函數是一種新型態的程式語法，其主要目的是為了簡化程式，增強效能。各位可以將lambda運算式視爲一種函數的表現方式，它可以根據輸入的值，決定輸出的值。通常一般函數需要給定函數名稱，但是lambda並不需要替函數命名，它可以稱lambda是一種匿名函數的運算式寫法。它可以允許我們在需要使用方法的時候，馬上建立一個匿名函數。其語法如下：

```
lambda 參數串列, ... : 運算式
```

其中運算式之前的冒號「:」不能省略，運算式不能使用return指令。例如要將數學函數f(x)=3*x-1寫成lambda運算式，如下所示：(lambda1.py)範例檔

```
result = lambda x : 3*x-1  #lambda()函數
print(result(3)) #輸出數值8
```

也就是說「:」左邊是參數，「:」右邊是運算式或程式區塊，以本例而言，「:」右邊是運算式3*x-1。上面的例子中在「:」左邊參數的個數是

一個。

自訂函數與lambda()有何不同？先以一個簡例做解說，下面就是以lambda()函數先定義再呼叫指定的變數formula。(lambda2.py)範例檔

```
def formula(x, y): #自訂函數
    return 3*x+2*y

formula = lambda x, y : 3*x+2*y  #表示lambda有二個參數
print(formula (5,10)) ##傳入兩個數值讓lambda()函數做運算，輸出數值35
```

從上面的程式碼中分別以自訂函數及lambda()函數兩種方式自訂函數，我們可以觀察到自訂函數與lambda()函數有以下幾點觀察重點：

- 自訂函數的函數名稱，可作為呼叫lambda()函數的變數名稱。
- 定義函數時，函數主體有多行指令；但是lambda()函數只能有一行運算式。
- 自訂函數有名稱，但lambda()函數無名稱，lambda()函數必須指定一個變數來儲存運算結果。
- 自訂函數以return指令回傳；lambda()函數由變數指定變數儲存。
- lambda()函數必須以變數名稱（例如上例中的formula變數）來呼叫lambda()函數，依其定義傳入參數。

7-2 常見Python函數

本節將為各位整理出Python中較為常用且相當實用的函數，包括數值函數、字串函數及與序列型別相關函數。

7-2-1 數值函數

下表列出Python與數值運算有關的內建函數。

名稱	說明
int(x)	轉換爲整數型別
bin(x)	轉整數爲二進位，以字串回傳
hex(x)	轉整數爲十六進位，以字串回傳
oct(x)	轉整數爲八進位，以字串回傳
float(x)	轉換爲浮點數型別
abs(x)	取絕對值，x可以是整數、浮點數或複數
divmod(a,b)	a // b得商，a % b取餘，a、b爲數值
pow(x,y)	x ** y
round(x)	將數值四捨五入
chr(x)	取得x的字元
ord(x)	傳回字元x的unicode編碼
str(x)	將數值x轉換爲字串
sorted(list)	將串列list由小到大排序
max(參數列)	取最大值
min(參數列)	取最小值
len(x)	回傳元素個數

以下程式範例將示範各種常用數值函數的使用範例。

【**程式範例：numberfun.py**】數值函數的使用範例

```
01 print("次方運算結果: %d" %Pow(int(x), int(y)))
02 print('int(8.4)=',int(8.4))
03 print('bin(14)=',bin(14))
```

```
04 print('hex(84)=',hex(84))
05 print('oct(124)=',oct(124))
06 print('float(6)=',float(6))
07 print('abs(-6.4)=',abs(-6.4))
08 print('divmod(58,5)=',divmod(58,5))
09 print('pow(3,4)=',pow(3,4))
10 print('round(3.5)=',round(3.5))
11 print('chr(68)=',chr(68))
12 print('ord(\'%s\')=%d' %('A',ord('A')))
13 print('str(1234)=',str(1234))
14 print('sorted([5,7,1,8,9])=',sorted([5,7,1,8,9]))
15 print('max(4,6,7,12,3)=',max(4,6,7,12,3))
16 print('min(4,6,7,12,3)=',min(4,6,7,12,3))
17 print('len([5,7,1,8,9])=',len([5,7,1,8,9]))
```

【執行結果】

```
int(8.4)= 8
bin(14)= 0b1110
hex(84)= 0x54
oct(124)= 0o174
float(6)= 6.0
abs(-6.4)= 6.4
divmod(58,5)= (11, 3)
pow(3,4)= 81
round(3.5)= 4
chr(68)= D
ord('A')=65
str(1234)= 1234
sorted([5,7,1,8,9])= [1, 5, 7, 8, 9]
max(4,6,7,12,3)= 12
min(4,6,7,12,3)= 3
len([5,7,1,8,9])= 5
```

【程式碼解說】

● 第1～17行：各種數值函數的使用語法範例。

7-2-2 字串函數

本單元將介紹一些常用的字串方法（函數），當宣告了字串變數之後，就可以透過「.」（dot）運算子來取得方法（函數）。

● 與子字串有關的函數

首先先列出與子字串有關的方法與函數，如何在字串搜尋或替換新的子字串。

字串常用方法	說明
find(sub[, start[, end]])	用來尋找字串的特定字元
index(sub[, start[, end]])	回傳指定字元的索引值
count(sub[, start[, end]])	以切片用法找出子字串出現次數
replace(old, new[, count])	以new子字串取代old子字串
startswith(s)	判斷字串的開頭是否與設定值相符
endswitch(s)	判斷字串的結尾是否與設定值相符
split()	依據設定字元來分割字串
join(iterable)	將iterable的字串串連成一個字串
strip()、lstrip()、rstrip()	移除字串左右特定字元

其中split()方法可以根據指定分隔符號將字串分割為子字串，並回傳子字串的串列。格式如下：

```
字串.split(分隔符號, 分割次數)
```

預設的分隔符號爲空字串，包括空格、換行符號(\n)、定位符號(\t)。使用split()方法分割字串時，會將分割後的字串以串列（list）回傳。例如：(split.py)範例檔

```
str1 = "apple \nbanana \ngrape \norange"
print(str1.split())
#沒有指定分割字元，所以會以空格與換行符號(\n)來分割
print(str1.split(' ', 2))
#以空格分割，分割3個子字串之後的字串就不再分割
```

【執行結果】

```
['apple', 'banana', 'grape', 'orange']
['apple', '\nbanana', '\ngrape \norange']
```

以下範例搜尋特定字串出現次數：

```
str1="do your best what you can do"
s1=str1.count("do",0) #從str1字串索引0的位置開始搜尋
s2=str1.count("o",0,20) #搜尋str1從索引值0到索引值20-1的位置
print("{}\n「do」出現{}次,「o」出現{}次".format(str1,s1,s2))
```

【執行結果】

```
do your best what you can do
「do」出現2次,「o」出現3次
```

另外，上表中的函數strip()用於去除字串首尾的字元，lstrip()用於去除左邊的字元，rstrip()用於去除右邊的字元，三種方法的格式相同，以下以strip()做說明：

```
字串.strip([特定字元])
```

特定字元預設為空白字元，特定字元可以輸入多個，例如：

```
str1="Happy new year?"
s1=str1.strip("H?")
print(s1)
```

【執行結果】

```
appy new year
```

- **跟字母大小寫有關的方法與函數**

字串還有哪些方法？以下介紹一些跟字母大小寫有關的方法。

方法	說明
capitalize()	只有第一個單字的首字元大寫，其餘字元皆小寫
lower()	全部大寫
upper()	全部小寫
title()	採標題式大小寫，每個單字的首字大寫，其餘皆小寫
islower()	判斷字串是否所有字元皆爲小寫
isupper()	判斷字串是否所有字元皆爲大寫
istitle()	判斷字串首字元是否爲爲大寫，其餘皆小寫

以下程式範例示範跟字母大小寫有關的方法：

```
phrase = 'never put off until tomorrow what you can do today.'
print('原字串：', phrase)
print('將首字大寫 ', phrase.capitalize())
print('每個單字的首字會大寫', phrase.title())
print('全部轉爲小寫字元', phrase.lower())
print('判斷字串首字元是否爲大寫', phrase.istitle())
print('是否皆爲大寫字元', phrase.isupper())
print('是否皆爲小寫字元', phrase.islower())
```

【執行結果】

```
原字串： never put off until tomorrow what you can do today.
將首字大寫  Never put off until tomorrow what you can do today.
每個單字的首字會大寫 Never Put Off Until Tomorrow What You Can Do Today.
全部轉為小寫字元 never put off until tomorrow what you can do today.
判斷字串首字元是否為大寫 False
是否皆為大寫字元 False
是否皆為小寫字元 True
```

● 與對齊格式有關的方法

字串也提供與對齊格式有關的方法，請參考下表：

方法	說明
center(width [, fillchar])	增長字串寬度，字串置中央，兩側補空白字元
ljust(width [, fillchar])	增長字串寬度，字串置左邊，右側補空白字元
rjust(width [, fillchar])	增長字串寬度，字串置右邊，左側補空白字元
zfill(width)	字串左側補「0」
partition(sep)	字串分割成三部分，sep前，sep，sep後

方法	說明
splitlines([keepends])	依符號分割字串爲序列元素，keepends = True 保留分割的符號

以下程式範例示範了與對齊格式有關的方法。

【**程式範例：align.py**】與對齊格式有關的方法：

```
01 str1 = '淡泊以明志，寧靜以致遠'
02 print('原字串', str1)
03 print('欄寬20，字串置中', str1.center(20))
04 print('字串置中，# 填補', str1.center(20, '#'))
05 print('欄寬20，字串靠左', str1.ljust(20, '@'))
06 print('欄寬20，字串靠右', str1.rjust(20, '!'))
07
08 mobilephone = '931828736'
09 print('字串左側補0:', mobilephone.zfill(10))
10
11 str2 = 'Time create hero.,I love my family.'
12 print('以逗點分割字元', str2.partition(','))
13
14 str3 = '忠孝\n仁愛\n信義\n和平'
15 print('依\\n分割字串', str3.splitlines(False))
```

【執行結果】

```
原字串 淡泊以明志，寧靜以致遠
欄寬20，字串置中      淡泊以明志，寧靜以致遠
字串置中，# 填補 ####淡泊以明志，寧靜以致遠#####
欄寬20，字串靠左 淡泊以明志，寧靜以致遠@@@@@@@@@
欄寬20，字串靠右 !!!!!!!!!淡泊以明志，寧靜以致遠
字串左側補0: 0931828736
以逗點分割字元 ('Time create hero.', ',', 'I love my family.')
依\n分割字串 ['忠孝', '仁愛', '信義', '和平']
```

【程式碼解說】

- 第3～4行：使用center()方法，設定欄寬（參數width）爲20，字串置中時，兩側補「#」。
- 第5～6行：ljust()方法會將字串靠左對齊；rjust()方法會將字串靠右對齊。
- 第8～9行：字串左側補「0」。
- 第12行：partition()方法中，會以sep參數「,」爲主，將字串分割成三個部分。
- 第15行：splitlines()方法的參數keepends設爲False，分割的字元不會顯示出來。

7-2-3 與序列型別相關函數

下表列出與序列型別有關的函數，例如：透過list()函數可將其他物件轉爲list。

BIF	說明
list()	list或轉換爲list物件
tuple()	轉換爲tuple物件
len()	回傳物件的長度
max()	找出最大的
min()	找出最小的
reversed()	反轉元素，以迭代器回傳
sum()	計算總和
sorted()	排序

以下程式範例是與序列型別有關的函數實作練習。

【程式範例：**sequence.py**】與序列型別有關的函數實作練習

```
01 str1="I love python."
02 print("原字串內容: ",str1)
03 print("轉換成串列: ",list(str1))
04 print("轉換成值組: ",tuple(str1))
05 print("字串長度: ",len(str1))
06
07 list1=[8,23,54,33,12,98]
08 print("原串列內容: ",list1)
09 print("串列中最大值: ",max(list1))
10 print("串列中最小值: ",min(list1))
11
12 relist=reversed(list1)#反轉串列
13 for i in relist: #將反轉後的串列內容依序印出
14         print(i,end=' ')
15 print()#換行
16 print("串列所有元素總和: ",sum(list1))#印出總和
17 print("串列元素由小到大排序: ",sorted(list1))
```

【執行結果】

```
原字串內容:  I love python.
轉換成串列:  ['I', ' ', 'l', 'o', 'v', 'e', ' ', 'p', 'y', 't', 'h', 'o', 'n', '.']
轉換成值組:  ('I', ' ', 'l', 'o', 'v', 'e', ' ', 'p', 'y', 't', 'h', 'o', 'n', '.')
字串長度:  14
原串列內容:  [8, 23, 54, 33, 12, 98]
串列中最大值:  98
串列中最小值:  8
98 12 33 54 23 8
串列所有元素總和:  228
串列元素由小到大排序:  [8, 12, 23, 33, 54, 98]
```

【程式碼解說】

- 第3行：將字串轉換成串列。
- 第4行：將字串轉換成值組。
- 第5行：輸出字串長度。
- 第9～10行：輸出串列所有元素的最大值及最小值。
- 第12～14行：將反轉後的串列內容依序印出。
- 第16行：串列所有元素總和。
- 第17行：串列元素由小到大排序。

7-3 本章綜合範例：利用輾轉相除法求最大公因數

以下這個範例會要求您輸入兩個數值，並且利用輾轉相除法計算這兩個數值最大公因數的函數。

【程式範例：**common.py**】最大公因數函數實作練習

```
01 def Common_Divisor():
02        print("請輸入兩個數值")
03        Num1=int(input("數值 1 ："))
04        Num2=int(input("數值 2 ："))
05        print(Num1,'及',Num2)
06        while Num2 != 0: #利用輾轉相除法計算最大公因數
07                Temp=Num1 % Num2
08                Num1 = Num2
09                Num2 = Temp
10        return Num1
```

```
11
12 Min=Common_Divisor(); #函數呼叫
13 print("的最大公因數爲：",Min)
```

【執行結果】

```
請輸入兩個數值
數值 1：48
數值 2：72
48 及 72
的最大公因數為： 24
```

【程式碼解說】

- 第1～10行：利用輾轉相除法計算最大公因數。
- 第12行：函數呼叫。

本章課後習題

一、選擇題

1. （　）Python定義函數是使用哪一個關鍵字？

    (A) main

    (B) def

    (C) fun

    (D) function

2. （　）哪一個運算子可以進行函數呼叫？

    (A) ()

    (B) call

    (C) to

(D) %

3. (　) 請問 int(9.7)值為何？

(A) 8.7

(B) 9

(C) 7

(D) 10

4. (　) 請問 divmod(62,7)值為何？

(A) (9, 8)

(B) (8, 7)

(C) (9, 6)

(D) (8, 6)

5. (　) 請問list1=[8,23,54]，則max(list1)值為何？

(A) 54

(B) 23

(C) 8

(D) 85

二、問答與實作題

1. 如果要自訂一個可以傳三個參數的函數，回傳值為這三個參數的總和，該如何做？

2. 請問以下程式的執行結果？

```
def func(a,b):
    x = a * b+6
    print(x)


print(func(3,2))
```

3. 請問以下程式的執行結果？

```
def func(a,b):
    p1 = a + b
    p2 = a % b
    return p1, p2

num1 ,num2 = func(22, 3)
print(num1,num2)
```

4. 請問以下程式的執行結果？

```
def factorial(*arg):
    product=1
    for n in arg:
        product *= n
    return product

ans3=factorial(3,3,3)
print(ans3)
```

5. 請問以下程式的執行結果？

```
def Pow(x,y):
    p=1
    for i in range(y):
        p *= x
    return p

x,y=2,6
print(Pow(x,y))
```

6. 請問以下程式的執行結果？

```
def func(x,y,z):
    formula = x+y+z
    return formula


print(func(z=5,y=2,x=7))
print(func(x=7, y=2 , z=5))
```

7. 請問以下程式的執行結果？

```
result = lambda x : 3*x*x-1
print(result(2))
```

8. 試比較自訂函數與lambda()函數的異同。

第八章 

模組與套件

Python最爲人津津樂道的好處是加入許多由其他程式設計高手熱心設計的模組，使得許多複雜功能的程式，只要短短幾行程式就可以運作。當需要的時候再加入自己的程式中就可以簡單地引入使用，節省許多自行開發的時間。除了內建套件外，Python也支援第三方公司所開發的套件，這使得其功能更爲強大，受到許多使用者的喜愛，本章中將簡介Python的模組、套件與特殊應用。

8-1 模組簡介

所謂模組是指已經寫好的Python檔案，也就是一個「*.py」檔案，模組中包含可執行的敘述和定義好的資料、函數或類別，Python的標準函數庫包含相當多模組，要使用模組內的函數，必須事先匯入。

8-1-1 匯入模組的方式

匯入模組的方式除了匯入單一模組外，也可以一次匯入多個模組，本節將介紹各種模組匯入的方式。一般而言，只要使用import指令就可以匯入指定的模組，格式如下：

```
import 模組名稱
```

例如底下指令可以匯入math數學模組：

```
import math    #匯入數學模組
```

在程式設計的習慣上，會將import指令放在程式最上方，模組匯入後就可以使用該模組的函數。例如以下範例使用math模組來求兩個整數間的最大公因數：

```
import math  #匯入數學模組
print("math.gcd(72,48)= ",math.gcd(72,48)) #最大公因數
```

【執行結果】

```
math.gcd(72,48)=  24
```

又例如想要計算3的4次方，就可以使用math模組的pow()函數。程式碼如下：

```
import math  #匯入數學模組
print("math.pow(3,4)= ",math.pow(3,4)) #回傳指數運算結果
```

【執行結果】

```
math.pow(3,4)=  81.0
```

但是如果要一次匯入多個模組，則必須以逗點「,」隔開不同的模組名稱，語法如下：

```
import 模組名稱1, 模組名稱2, ...., 模組名稱n
```

例如如果想同時匯入Python亂數模組和數學模組，語法如下：

```
import random, math
```

我們來看一個例子，其中的數學模組的floor()函數是取小於參數的最大整數，亂數模組模組的random()函數是取0～1之間的亂數。程式碼如下：

```
import random, math #匯入亂數和數學模組
print("math.floor(10.6)= ",math.floor(10.6))  #取小於參數的最大整數
print("random.random()= ", random.random()) #取0～1之間的亂數
```

【執行結果】

```
math.floor(10.6)=  10
random.random()=  0.27879977740036777
```

除了直接以模組名稱來取用函數外，萬一模組的名稱過長，會造成程式輸入的困擾，這時不妨可以取一個簡明有意義的別名，語法如下：

```
import 套件名稱 as 別名
```

有了別名之後，就可以利用「別名.函數名稱」的方式進行呼叫。

例如上面例子中的math.floor()函數可以改用別名的方式呼叫函數，程式碼如下：

```
import math as m  #將math取別名為m
print("floor(10.6)= ", m.floor(10.6))  #以別名來進行呼叫
```

【執行結果】

```
floor(10.6)=  10
```

我們還可以只匯入模組中的特定函數，這樣就可以在程式中用函數名稱來呼叫，不再需要加上模組名稱。格式如下：

```
from 模組名稱    import 函數名稱
```

例如只想從亂數模組中匯入randint()函數，在程式中就可以直接以函數名稱呼叫。程式碼如下：

```
from random import randint
print(randint(10,500)) #會產生指定範圍內的亂數整數
```

【執行結果】

```
313
```

另外如果下達「from 套件名稱 import *」指令，可匯入該套件的所有函數，例如以下語法會匯入亂數模組內的所有函數：

```
from random import *
```

因此上一個例子，就可以改寫成：

```
from random import *
print(randint(10,500))
```

【執行結果】

```
149
```

下面的例子爲math模組另外取一個別名，並試著以別名方式練習呼叫math模組各種函數。

【程式範例：**random.py**】random模組常用函數練習

```
01 import math as m #以別名取代
02 print("sqrt(16)= ",m.sqrt(16)) #平方根
03 print("fabs(-8)= ",m.fabs(-8)) #取絕對值
04 print("fmod(16,5)= ",m.fmod(16,5)) # 16%5
05 print("floor(3.14)= ",m.floor(3.14)) # 3
```

【執行結果】

```
sqrt(16)=  4.0
fabs(-8)=  8.0
fmod(16,5)=  1.0
floor(3.14)=  3
```

【程式碼解說】

- 第1行：以別名m取代math模組。
- 第2～5行：以別名m呼叫math模組內的各種函數。

8-2 常用內建模組

Python的標準函式庫提供許多不同用途的模組供程式設計人員使用，例如：math模組提供了許多浮點數運算的函數；time模組定義了一些與時間和日期相關的函數；datetime模組有許多操作日期以及時間的函數；os模組是作業系統相關模組。本節將介紹幾個常用的模組：包括random模組、time模組以及datetime模組。

8-2-1 random模組

我們在設計程式需要一些隨機性的資料，而用來產生隨機資料的方式之一，就是利用亂數功能，random模組可以用來產生亂數，例如在製作發牌、抽獎或猜數字遊戲時經常用到，Python貼心地提供了random模組來產生各種形式的亂數，下表爲random模組中各函數功能說明及使用範例：

函數	說明	範例
random()	產生隨機浮點數n，0 <= n < 1.0	random.random()
uniform(f1,f2)	在f1及f2範圍內產生隨機浮點數	random.uniform(101, 200)
randint(n1,n2)	在n1及n2範圍內隨機產生一個整數	random.randint(-50,0)
randrange(n1,n2,n3)	在n1及n2範圍內，按照遞增基數n3取一個隨機數	random.randrange(2, 500, 2)
choice()	從序列中取一個隨機數	random.choice(["健康", "運勢", "事業", "感情", "流年"])

函數	說明	範例
shuffle(x)	將序列打亂	random.shuffle (['A','J','Q','K'])
sample(序列或集合, k)	從序列或集合擷取k個不重複的元素	random.sample('123456', 2)

random模組裡的函數都很容易使用，最常見的是只要設定一個範圍，它就會從這個範圍內取得一個數字，以下的例子就是在指定範圍產生整數亂數及浮點數亂數。(rint.py)範例檔

```
import random as r #為random模組取別名
for j in range(6): #以迴圈執行6次
    print(r.randint(1,42), end=' ')#產生1-42的整數亂數
print() #換行
for j in range(3): #以迴圈執行3次
    print(r.uniform(1,10), end=' ')#產生1-10間的亂數
```

【執行結果】

```
38 26 10 6 35 36
4.968840680203568 2.616566018605292 6.4187055506483235
```

我們這裡要特別補充說明randrange()與shuffle()這兩個函數。randrange()函數是在指定的範圍內，依照遞增基數隨機取一個數，所以取出的數一定是遞增基數的倍數。另外shuffle(x)函數是直接將序列x打亂，並傳回None，所以不能直接用print()函數來將它輸出。例如：下例表示從2～500間取十個偶數：(range1.py)範例檔

```
import random as r #以別名方式匯入random模組
for i in range(10): #執行10次
    print ( r.randrange(2, 500, 2) ) #從2-500間取10個偶數
```

【執行結果】

```
206
172
208
74
96
128
484
352
244
42
```

而下例則表示從0～100取隨機數：(range2.py)範例檔

```
import random as r #以別名方式匯入random模組
for i in range(10): #執行10次
    print(r.randrange(100)) #從0-100取隨機整數
```

【執行結果】

```
66
46
99
59
70
99
96
44
74
82
```

下面的例子爲各位示範random模組各種函數的操作練習。

【程式範例：**random.py**】random模組常用函數練習

```
01 import random as r
02
03 print( r.random() ) #產生隨機浮點數n,0 <= n < 1.0
04 print( r.uniform(101, 200) ) #產生101-200之間的隨機浮點數
05 print( r.randint(-50, 0) ) #產生-50-0之間的隨機整數
06 print( r.randrange(0, 88, 11) ) #從序列中取一個隨機數
07 print( r.choice(["健康", "運勢", "事業", "感情", "流年"]) ) #
08
09 items = ['a','b','c','d']
10 r.shuffle(items) #將items序列打亂
11 print( items )
12 #從序列或集合擷取12個不重複的元素
13 print( r.sample('0123456789ABCDEFGHIJKLMNOPQRSTUVWX
   YZ', 12))
```

【執行結果】

```
0.11245704697791037
126.74606017091284
-27
22
運勢
['b', 'a', 'd', 'c']
['S', 'Y', '3', 'D', 'Z', 'T', 'K', 'J', 'W', '4', '2', '7']
```

【程式碼解說】

- 第1行：以取別名方式匯入random()模組。
- 第3～13行：示範random()模組內重要函數的使用方式。

8-2-2 time模組

Python時間套件中提供許多和時間有關的功能，在實際撰寫程式的過程中，有時會需要計算兩個動作或事件間的時間經過了多久，這個時候就可以使用時間套件中perf_counter() 或 process_time()來取得程式執行的時間。time模組常用的函數簡介如下：

函數	說明
perf_counter() 或 process_time()	較舊版本的time.clock()會以浮點數計算的秒數返回當前的 CPU 時間。Python 3.3 以後不被推薦，建議使用 perf_counter() 或 process_time() 代替
sleep(n)	這個函數可以讓程式停止傳入n秒
time()	取得目前的時間數值，Python的時間是以tick為單位，即百萬分之一秒，或簡稱為微秒。此函數所取得的「時間數值」是從1970年1月1日零時開始到現在所經歷的秒數，精確度到小數點後6位的浮點數
localtime([時間數值])	因為時間數值對使用者較無意義，此函數可以取得使用者時區的日期及時間資訊，並以元組資料型態回傳
ctime([時間數值])	功能和localtime()類似，但以字串資料型態回傳時間
asctime()	列出目前系統時間

在舉例之前，我們先來說明localtime([時間數值])函數的用法，呼叫這個函數時，它的「時間數值」參數可以省略。但是如果沒有傳入任何參數，表示該函數會回傳目前的日期及時間，並以元組資料型態回傳。例如以下的語法：

```
import time as t
print(t.localtime())
```

【執行結果】

```
time.struct_time(tm_year=2019, tm_mon=4, tm_mday=29, tm_hour=9, tm_min=12,
tm_sec=11, tm_wday=0, tm_yday=119, tm_isdst=0)
```

在上圖中傳回的元組資料型態，各名稱的意義如下：

- tm_year：元組資料索引值0，代表西元年。
- tm_mon：元組資料索引值1，代表1～12月分。
- tm_mday：元組資料索引值2，代表1～31日數。
- tm_hour：元組資料索引值3，代表0～23小時。
- tm_min：元組資料索引值4，代表0～59分。
- tm_sec：元組資料索引值5，代表0～60的秒數，有可能閏秒。
- tm_wday：元組資料索引值6，代表星期幾，數值0～6。
- tm_yday：元組資料索引值7，代表一年中第幾天，數值爲1～366，有可能閏年。
- tm_isdst：元組資料索引值8，代表日光節約時間，0爲無日光節約時間，1爲無日光節約時間。

我們再來看另一個有關asctime()的使用方式，該函數會列出目前系統時間，請參考下例：

```
import time as t
print(t.asctime ())
```

【執行結果】

```
Mon Apr 29 10:47:18 2019
```

下面範例則是time模組各種函數的操作練習，本程式中除了示範如何使用time模組的函數外，也可以清楚看出「時間數值」包含哪些欄位及所代表的意義。

【程式範例：**time.py**】time模組常用函數練習

```
01 import time as t
02
03 print(t.time())
04 print(t.localtime())
05
06 field=t.localtime(t.time())#以元組資料的名稱去取得資料
07 print('tm_year= ',field.tm_year)
08 print('tm_mon= ',field.tm_mon)
09 print('tm_mday= ',field.tm_mday)
10 print('tm_hour= ',field.tm_hour)
11 print('tm_min= ',field.tm_min)
12 print('tm_mec= ',field.tm_sec)
13 print('tm_wday= ',field.tm_wday)
14 print('tm_yday= ',field.tm_yday)
15 print('tm_isdst= ',field.tm_isdst)
16
17 for j in range(9):#以元組的索引值取得的資料內容
18         print('以元組的索引值取得資料= ',field[j])
19
20 print("我有一句話想對你說:")
21 t.sleep(1) #程式停1秒
```

```
22 print("學習Python的過程雖然漫長,但最終的果實是甜美的")
23 print("程式執行到目前的時間是"+str(t.process_time()))
24 t.sleep(2) #程式停2秒
25 print("程式執行到目前的時間是"+str(t.perf_counter()))
```

【執行結果】

```
1556501721.3067305
time.struct_time(tm_year=2019, tm_mon=4, tm_mday=29, tm_hour=9,
tm_min=35, tm_sec=21, tm_wday=0, tm_yday=119, tm_isdst=0)
tm_year=  2019
tm_mon=  4
tm_mday=  29
tm_hour=  9
tm_min=  35
tm_mec=  21
tm_wday=  0
tm_yday=  119
tm_isdst=  0
以元組的索引值取得資料=  2019
以元組的索引值取得資料=  4
以元組的索引值取得資料=  29
以元組的索引值取得資料=  9
以元組的索引值取得資料=  35
以元組的索引值取得資料=  21
以元組的索引值取得資料=  0
以元組的索引值取得資料=  119
以元組的索引值取得資料=  0
我有一句話想對你說:
學習Python的過程雖然漫長,但最終的果實是甜美的
程式執行到目前的時間是0.359375
```

【程式碼解說】

- 第7～15行：以元組資料的名稱去取得資料。
- 第17～18行：以元組的索引值取得的資料內容。
- 第21行：程式停1秒。
- 第23行：輸出目前程式執行時間。

- 第24行：程式停2秒。
- 第25行：輸出目前程式執行時間。

8-2-3 datetime模組

datetime模組除了顯示日期時間之外，還可以進行日期時間的運算以及進行格式化，常用的函數如下：

函數	說明	範例
datetime.date(年,月,日)	取得日期	datetime.date(2018,5,25)
datetime.time(時,分,秒)	取得時間	datetime.time(12, 58, 41)
datetime.datetime(年,月,日[,時,分,秒,微秒,時區])	取得日期時間	datetime.datetime(2018, 3, 5, 18, 45, 32)
datetime.timedelta()	取得時間間隔	datetime.timedelta(days=1)

其中datetime模組可以單獨取得日期物件（datetime.date），也可以單獨取得時間物件（datetime.time）或者兩者一起使用（datetime.datetime）。

我們再來看datetime模組的函數使用及其輸出外觀：(datetime.py)範例檔

```
import datetime
print(datetime.date(2018,5,25))
print(datetime.time(12, 58, 41))
print(datetime.datetime(2018, 3, 5, 18, 45, 32))
print(datetime.timedelta(days=1))
```

【執行結果】

```
2018-05-25
12:58:41
2018-03-05 18:45:32
1 day, 0:00:00
```

- **日期物件：datetime.date(year, month, day)**

日期物件包含年、月、日。常用的方法如下：

date方法	說明
datetime.date.today()	取得今天日期
datetime.datetime.now()	取得現在的日期時間
datetime.date.weekday()	取得星期數，星期一返回0，星期天返回6，例如： datetime.date(2019,3,9).weekday() 回傳5
datetime.date. isoweekday()	取得星期數，星期一返回1，星期天返回7，例如： datetime.date(2019,7,2). isoweekday() 回傳2
datetime.date. isocalendar()	返回三個元素的元組，(年,週數,星期數)，例如： datetime.date(2019,5,7).isocalendar() 回傳(2019, 19, 2)

我們再來看日期物件常用方法及其輸出外觀：(date.py)範例檔

```
import datetime
print(datetime.date.today())
```

```
print(datetime.datetime.now())
print(datetime.date(2019,3,9).weekday())
print(datetime.date(2019,7,2).isoweekday())
print(datetime.date(2019,5,7).isocalendar())
```

【執行結果】

```
2019-04-29
2019-04-29 16:53:06.333246
5
2
(2019, 19, 2)
```

以下是日期物件常用的屬性：

date屬性	說明
datetime.date.min	取得支援的最小日期(0001-01-01)
datetime.date.max	取得支援的最大日期(9999-12-31)
datetime.date().year	取得年，例如datetime.date(2019,5,10).year #2019
datetime.date().month	取得月，例如datetime.date(2019,8,24).month #8
datetime.date().day	取得日，例如datetime.date(2019,8,24).day #24

我們再來看日期物件常用的屬性及其輸出外觀：(attribute.py)範例檔

```
import datetime
print(datetime.date.min)
print(datetime.date.max)
print(datetime.date(2019,5,10).year)
```

```
print(datetime.date(2019,8,24).month)
print(datetime.date(2019,8,24).day)
```

【執行結果】

```
0001-01-01
9999-12-31
2019
8
24
```

- **時間物件**：datetime.time(hour=0,minute=0,second=0,microsecond=0,tzinfo=None)

時間物件允許的值範圍如下：

0 <= hour < 24

0 <= minute < 60

0 <= second < 60

0 <= microsecond < 1000000

時間常用的屬性如下：

date屬性	說明
datetime.time.min	取得支援的最小時間(00:00:00)
datetime.time.max	取得支援的最大時間(23:59:59.999999)
datetime.time().hour	取得時，例如： datetime.time(18,25,33).hour #18
datetime.time().minute	取得分，例如： datetime.time(18,25,33).minute #25

date屬性	說明
datetime.time().second	取得秒，例如： datetime.time(18,25,33).second #33
datetime.time().microsecond	取得微秒，例如： datetime.time(18,25,33, 32154).microsecond #32154

我們再來看時間物件常用方法及其輸出外觀：(time_fun.py)範例檔

```
import datetime
print(datetime.time.min)
print(datetime.time.max)
print(datetime.time(18,25,33).hour)
print(datetime.time(18,25,33).minute)
print(datetime.time(18,25,33).second)
print(datetime.time(18,25,33, 32154).microsecond)
```

【執行結果】

```
00:00:00
23:59:59.999999
18
25
33
32154
```

以下程式利用datetime模組讓使用者輸入年、月，判斷當月的最後一天的日期。因為每個月的最後一天並不是固定不變的，有可能28、29、30、31四種可能。因此程式的設計技巧在於先求取下個月的第一天減一天，同樣可以得到答案。

【程式範例：**lastDay.py**】輸出指定月份最後一天

```
01 import datetime as d
02
03 def check(y,m):
04         temp_d=d.date(y,m,1)
05         temp_year = temp_d.year
06         temp_month= temp_d.month
07
08         if temp_month == 12 :
09             temp_month = 1
10             temp_year += 1
11         else:
12             temp_month += 1
13
14         return d.date(temp_year,temp_month,1)+ d.timedelta(days=-1)
15
16 year=int(input("請輸入要查詢的西元年："))
17 month=int(input("請輸入要查詢的月份1-12："))
18 print("你要查詢的月份的最後一天是西元",check(year,month))
```

【執行結果】

```
請輸入要查詢的西元年：2019
請輸入要查詢的月份1-12：7
你要查詢的月份的最後一天是西元 2019-07-31
```

8-3 建立自訂模組

為了加速未來程式開發的速度，我們也可以將自己所寫的函數或類別儲存成模組文件，在另外的程式就可以直接匯入使用。只要將函數放在.py文件，儲存之後就可以當作模組匯入。

以下實際來操作看看。請先建立一個Python文件，本例檔案命名為my_module.py，裡面寫好了函數，程式碼如下：

【程式範例：**my_module.py**】自製模組

```
01 '''
02      函數功能：計算獎金的百分比
03      price:產品單價
04      num:銷售數量
05      price*num:銷售業績總額
06      total:實得獎金
07 '''
08 def payment():
09      price = float(input("產品單價："))
10      num = float(input("銷售數量："))
11      rate = 0.35  #抽取獎金的百分比
12      total = price * num * rate
13      return price*num, total
```

寫好的.py文件儲存在與主文件相同的資料夾就可以當成模組來使用了。我們建立另外一個程式，把剛剛寫好的my_module模組載入，就可以呼叫模組裡的函數。程式碼如下：

【程式範例：**use_my_module.py**】自製模組主程式

```
01 import my_module #匯入自己建立的模組
02 e1 ,e2 = my_module.payment()  #呼叫自訂模組內的函數
03 print("總銷售業績{},應付獎金：{}".format(e1, e2))
```

【執行結果】

```
產品單價：500
銷售數量：10
總銷售業績5000.0,應付獎金：1750.0
```

執行完成之後，各位會發現在資料夾以下，多了一個「__pycache__」資料夾，這是因爲第一次載入my_module.py文件，Python會將.py檔案編譯並儲存在「__pycache__」資料夾的.pyc檔案，下次執行主程式時，如果my_module.py程式碼沒有變更，Python就會跳過編譯，直接執行「__pycache__」資料夾的.pyc文件，來加速程式的執行。

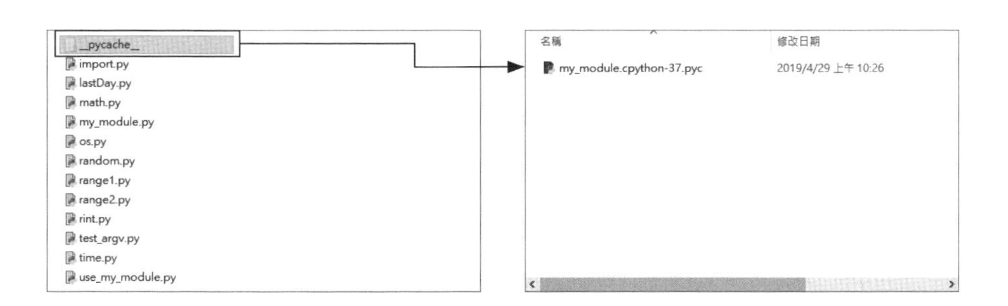

8-4 本章綜合範例：隨機將數列洗牌

以下範例使用random模組裡的randint函數來取得隨機整數以及利用shuffle函數將數列隨機洗牌。

【程式範例：**import.py**】隨機將數列洗牌

```
01 import random
02
03 for i in range(5):
```

```
04        a = random.randint(1,10) #隨機取得整數
05        print(a,end=' ')
06 print()
07 #給定items數列的初始值
08 items = ['A','2','3','4','5','6','7','8','9','10','J','Q','K']
09 random.shuffle(items)  #使用shuffle函數洗牌
10 print(items)#將洗牌後的序列輸出
```

【執行結果】

```
8 6 10 8 2
['2', '5', '9', '7', '10', '4', 'A', '6', 'Q', 'K', 'J', '3', '8']
```

【程式碼解說】

- 第3～6行：使用randint函數輸出五個隨機整數後換行。
- 第8～10行：指定items序列內容，並將洗牌後的序列輸出。

本章課後習題

一、選擇題

1. （　）有關函數的敘述下列何者有誤？

 (A) randrange()函數是在指定的範圍內，依照遞增基數隨機取一個數

 (B) choice()能從序列中取一個隨機數

 (C) uniform(f1,f2)能在f1及f2範圍內產生隨機浮點數

 (D) shuffle(x)函數是直接將序列x打亂，並直接用print()函數來將它輸出

2. (　) 匯入模組的說明下列何者不正確？

(A) 匯入單一模組

(B) 一次匯入多個模組

(C) 只匯入模組中特定函數

(D) 不能取別名的方式匯入

3. (　) 假設已匯入數學模組，下列函數值何者不正確？

(A) math.sqrt(25)=5.0

(B) math.fabs(-8)=-8

(C) math.fmod(18,7) = 4.0

(D) math.floor(3.5)=3

4. (　) random模組內的函數不包括下列何者？

(A) uniform(f1,f2)

(B) randrange(n1,n2,n3)

(C) shuffle(x)

(D) randomseed()

5. (　) 常見的Python模組不包括？

(A) quick

(B) random

(C) time

(D) math

二、問答與實作題

1. 請舉出至少三種Python模組的名稱，並簡述該模組的功能。

2. 請簡述自訂模組的基本步驟。

3. 請問以下程式的執行結果？

```
import datetime
print(datetime.time(15,21,32).hour)
```

```
print(datetime.time(15,21,32).minute)
print(datetime.time(15,21,32).second)
```

4. 呼叫localtime([時間數值])函數，如果沒有傳入任何參數，會回傳目前的日期及時間，並以元組資料型態回傳。請簡述傳回的元組資料型態各名稱的意義。
5. 請問以下程式的執行結果？

```
import math
print(math.gcd(144,272))
```

6. 如果想從2～1000間隨機取二十個偶數，程式該如何撰寫？
7. 要將套件名稱指定別名的語法爲何？
8. 如何才能一次匯入多個套件？

課後習題解答

第一章

1. 解答：程式碼簡潔易讀、跨平台、物件導向、容易擴充、自由／開放原始碼。
2. 解答：直譯式語言則是利用解譯器（interpreter）來對高階語言的原始程式碼做逐行解譯，每解譯完一行程式碼後，才會再解譯下一行。解譯的過程中如果發生錯誤，則解譯器會立刻停止。由於使用解譯器翻譯的程式每次執行時都必須再解譯一次，所以執行速度較慢，不過因爲僅需存取原始程式，不需要再轉換爲其他型態檔案，因此所占用記憶體較少。例如Python、Basic、LISP、Prolog等語言皆使用解譯的方法。
3. 解答：整合式開發環境（IDE，integrated development environment），就是把有關程式的編輯（edit）、編譯（compile）、執行（execute）與除錯（debug）等功能於同一操作環境下，讓使用者只需透過此單一整合的環境，即可輕鬆撰寫程式。

第二章

一、選擇題

1. (C)　2. (A)　3. (B)　4. (C)　5. (A)

二、問答與實作題

1. 解答：● 變數名稱第一個字元必須是英文字母、底線或是中文。

- 其餘字元可以搭配其他的大小寫英文字母、數字、_或中文。
- 不能使用Python內建的保留字。
- 區分大小寫字母。

2. **解答**：

- 7_up

錯誤原因：變數名稱第一個字元必須是英文字母、底線或是中文，但不能是數字。

- for

錯誤原因：不能使用Python內建的保留字，while是保留字。

- $$$999

錯誤原因：變數名稱第一個字元必須是英文字母、底線或是中文，但不能是特殊符號。

- happy new year

錯誤原因：變數名稱不能包含空白。

3. **解答**：字串的索引值具有順序性，如果要取得單一字元或子字串，就可以使用[]運算子，而從字串中擷取子字串的動作就稱為「切片」（slicing）運算。例如：

```
msg = 'Sunday is fun!'
```

則msg[2:5]結果值為'nda'。

第三章

一、選擇題

1. (A)　2. (D)　3. (A)　4. (C)　5. (A)

二、問答與實作題

1. 解答：指定運算子（=）右側可以是常數、變數或運算式，最終都會將值指定給左側的變數；而運算子左側也僅能是變數，不能是數值、函數或運算式等。例如運算式X-Y=Z就是不合法的。

2. 解答：

> 1. 當遇到一個運算式時，先區分運算子與運算元。
> 2. 依照運算子的優先順序做整理的動作。
> 3. 將各運算子根據其結合順序進行運算。

3. 解答：6*(24/a + (5+a)/b)= 54.0
4. 解答：False
5. 解答：17

   a=8

   a=2
6. 解答：200,-60,-3
7. 解答：x=50
8. 解答：28

第四章

一、選擇題

1. (D)　2. (C)　3. (D)　4. (C)　5. (B)

二、問答與實作題

1. 解答：Tall
2. 解答：5的倍數
3. 解答：

```
N = int(input("請輸入一個數值："))
print('False' if N%7 else 'True')
```

第五章

一、選擇題

1. (D)　2. (D)　3. (B)　4. (C)　5. (A)

二、問答與實作題

1. 解答：

> 1. 迴圈的執行主體，由程式敘述或複合敘述組成。
> 2. 迴圈的條件判斷，決定迴圈何時停止執行。

2. 解答：13579

3. 解答：Love
Happy
Money

4. 解答：1 3

5. 解答：280

6. 解答：97135

第六章

一、選擇題

1. (D)　2. (C)　3. (B)　4. (C)　5. (A)

二、問答與實作題

1. 解答：[15, 16, 17, 18, 19]
2. 解答：(1) [9, 7, 5, 3]

   (2) [3, 1]
3. 解答：[1, 8, 77]

   1
4. 解答：[51, 82, 48]
5. 解答：['1', '3']
6. 解答：(1, 2, 6, 1, 2, 6, 1, 2, 6)
7. 解答：{'name': 'Python程式設計第二版', 'author': '許志峰'}
8. 解答：{'Andy', 'Axel'}

第七章

一、選擇題

1. (B)　2. (A)　3. (B)　4. (D)　5. (A)

二、問答與實作題

1. 解答：

```
def func(a,b,c):
    x = a + b +c
    return x
```

2. 解答：12

   None
3. 解答：25 1
4. 解答：27

5. 解答：64

6. 解答：14

14

7. 解答：11

8. 解答：
- 自訂函數的函數名稱，可作爲呼叫lambda()函數的變數名稱。
- 定義函數時，函數主體有多行指令；但是lambda()函數只能有一行運算式。
- 自訂函數有名稱，但lambda()函數無名稱，lambda()函數必須指定一個變數來儲存運算結果。
- 自訂函數以return指令回傳；lambda()函數由變數指定變數儲存。
- lambda()函數必須以變數名稱（例如上例中的formula變數）來呼叫lambda()函數，依其定義傳入參數。

第八章

一、選擇題

1. (D)　2. (D)　3. (B)　4. (D)　5. (A)

二、問答與實作題

1. 解答：math模組提供了許多浮點數運算的函數；time模組定義了一些與時間和日期相關的函數；datetime模組有許多操作日期以及時間的函數；os模組是作業系統相關模組。

2. 解答：我們也可以將自己所寫的函數或類別放在.py文件，儲存之後就可以當作模組匯入。寫好的.py文件儲存在與主文件相同的資料夾就可以當成模組來使用了。

3. 解答：15

21

32

4. 解答：localtime()函數傳回的元組資料型態，各名稱的意義如下：

- tm_year：元組資料索引值0，代表西元年。
- tm_mon：元組資料索引值1，代表1～12月份。
- tm_mday：元組資料索引值2，代表1～31日數。
- tm_hour：元組資料索引值3，代表0～23小時。
- tm_min：元組資料索引值4，代表0～59分。
- tm_sec：元組資料索引值5，代表0～60的秒數，有可能閏秒。
- tm_wday：元組資料索引值6，代表星期幾，數値0～6。
- tm_yday：元組資料索引值7，代表一年中第幾天，數値爲1-366，有可能閏年。
- tm_isdst：元組資料索引值8，代表日光節約時間，0爲無日光節約時間，1爲無日光節約時間。

5. 解答：16

6. 解答：

```
import random as r
for i in range(20):
    print ( r.randrange(2, 1000, 2))
```

7. 解答：

```
import 套件名稱 as 別名
```

8. 解答：以逗點（,）隔開不同的套件名稱，語法如下：

```
import 套件名稱1, 套件名稱2, ..., 套件名稱n
```

例如：同時匯入Python標準模組的數學、亂數模組和時間模組。

```
import math, random, time
```

國家圖書館出版品預行編目資料

零基礎Python程式設計入門／數位新知著.
　－－初版.－－臺北市：五南圖書出版股份
　有限公司, 2025.01
　面；　公分
ISBN 978-626-393-942-4（平裝）

1.CST: Python(電腦程式語言)

312.32P97　　　113017659

5R56

零基礎Python程式設計入門

作　　者 — 數位新知（526）
編輯主編 — 王正華
責任編輯 — 張維文
封面設計 — 姚孝慈
出 版 者 — 五南圖書出版股份有限公司
發 行 人 — 楊榮川
總 經 理 — 楊士清
總 編 輯 — 楊秀麗
地　　址：106臺北市大安區和平東路二段339號4樓
電　　話：(02)2705-5066　　傳　　真：(02)2706-6100
網　　址：https://www.wunan.com.tw
電子郵件：wunan@wunan.com.tw
劃撥帳號：01068953
戶　　名：五南圖書出版股份有限公司
法律顧問　林勝安律師
出版日期　2025年1月初版一刷
定　　價　新臺幣350元

童年的祕密
烏托邦
奇怪的戰敗
新工具
理想國
禪學隨筆
美學原理
自殺論
人的行為：經濟學專論